魚市場で働く

なるにはBOOKS
補巻19

鑓田浩章 著

ぺりかん社

はじめに

幼いころ、すし店の叔父《おじ》に連れられて千葉《ちば》県の魚市場に連れていってもらいました。その時目にした光景を今も思い出すことがあります。群馬《ぐんま》県で育った私には、見たこともない魚ばかり。市場を行きかう人の波、車の列。市場で働く人たちの威勢《いせい》のよいかけ声に、自分が怒《おこ》られているのではないかと思い、叔父《おじ》の陰《かげ》に隠《かく》れるようにして観察していました。

時は流れ、仕事で地方の漁港や魚市場を訪ねることがあり、そこでは市場で働く人たちや漁師から話を聞くことができました。仕事を終えて、港町の和食店で郷土の魚料理を前に、日本各地の食文化の豊かさを実感したものでした。

現在は神奈川《かながわ》県横浜《よこはま》市に暮《く》らし、横浜市中央卸売《よこはましちゅうおうおろしうり》市場の一般《いっぱん》市民が買い物できる「市場開放日」に通うようになりました。マグロ専門店、たくさんの種類の鮮魚《せんぎょ》を並《なら》べている店、フグや貝類、干物、ウナギやアナゴと、日本《にほん》だけでなく、海外からも集められた魚介《ぎょかい》がそろっていました。今では季節の魚を前に市場で働く人たちとの会話を楽しんでいます。

地方で見た漁港と一体となった魚市場と漁港のない横浜の魚市場では、市場自体の規模も扱《あつか》っている魚の種類も量もあきらかに異なります。この魚たちはどこからやってきて、どのように市場の店に並《なら》べられるのだろう。また、この巨大《きょだい》な市場にはどんな人が集まってくるのだろう。ここで売られた魚は、どのように私たちの食卓《しょくたく》に届くのだろう。つぎつぎとわき起こる疑問が頭の中で渦《うず》を巻いていました。この大きな市場で働く人たちの仕事を中心に紹介《しょうかい》しながら、市場の役割や市場に流れる時間、その雰囲気《ふんいき》をうまく伝えられたらと考えました。

ご承知のように、市場には魚介《ぎょかい》を扱《あつか》う水産市場もあれば、野菜や果物を扱《あつか》う青果市場、牛肉や豚肉《ぶたにく》などを扱《あつか》う食肉市場、花を中心に扱《あつか》う花き市場と、ひとくちに市場と言ってもいろいろです。本書では、横浜市中央卸売市場本場《ほんじょう》（水産物部）の協力のもと、魚介《ぎょかい》を扱《あつか》う水産市場にスポットを当てて、そこで働く人たちと仕事の内容を紹介《しょうかい》していきます。

本書を読んで、市場や魚に興味をもった人がいたら、ぜひ近くの魚市場を訪ねてみることをおすすめします。地方と大都市の規模の違《ちが》いはあっても、同じ魚市場にあふれる活気や人びとの息づかいにふれ、未知なる「魚ワンダーランド」を体感してください。

市場の扉《とびら》を開けてみると、一般《いっぱん》の会社で働くのとはひと味もふた味も違《ちが》う世界が待っています。この世界に興味をもてたなら、市場で働くという選択肢《せんたくし》も生まれてきます。市場での仕事は、膝《ひざ》と膝《ひざ》を突《つ》き合わせてのコミュニケーションがとても大事にされます。「魚が好き、人が好き」から始まる最初の一歩。魚市場のプロをめざして踏《ふ》み出しましょう。

鑓田浩章

魚市場で働く　目次

［3章］

魚市場を支えるプロフェッショナルたち

※本書に登場する方々の所属等は、取材時のものです。

［装幀］図工室　［カバーイラスト］ハラアツシ　［本文イラスト］山本州・raregraph
［本文写真］鐘田浩章　［取材コーディネート］横浜丸魚（小島雅裕氏・大和周治氏）

「なるにはBOOKS」を手に取ってくれたあなたへ

「働く」って、どういうことでしょうか?

「毎日、会社に行くこと」「お金を稼《かせ》ぐこと」「生活のために我慢《がまん》すること」。

どれも正解です。でも、それだけでしょうか? 「なるにはＢＯＯＫＳ」は、みなさんに「働く」ことの魅力《みりょく》を伝えるために１９７１年から刊行している職業紹介《しょうかい》ガイドブックです。

この巻は3章で構成されています。

[1章] 業界について 職業の成り立ちや社会での役割などを紹介《しょうかい》します。

[2・3章] ドキュメント、仕事の世界、なるにはコース 今、この職業に就いている先輩《せんぱい》が登場して、仕事にかける熱意や誇《ほこ》り、苦労したこと、楽しかったこと、自分の成長につながったエピソードなどを本音で語ります。また、なり方を具体的に解説します。適性や心構え、資格の取り方、進学先などを参考に、これからの自分の進路と照らし合わせてみてください。

この本を読み終わった時、あなたのこの職業へのイメージが変わっているかもしれません。

「やる気が湧《わ》いてきた」「自分には無理そうだ」「ほかの仕事についても調べてみよう」。

どの道を選ぶのも、あなたしだいです。「なるにはＢＯＯＫＳ」が、あなたの将来を照らす水先案内になることを祈っています。

1章

「卸売市場」について学ぼう

食の安全・安心のための３つの試み。

ポイント①
コールドチェーンの確立

産地から消費者まで温度管理が途切れないようにする流通のかたち。安全・安心な生鮮食料品を供給することができます。

ポイント ②
断熱効果にすぐれた構造

断熱性がある外壁で囲み、空調設備で施設内を適正温度に保ち、夏場の高温から商品を守ります。

ポイント③
屋内荷捌場で品質維持

温度管理された荷捌場が設置され、品質・衛生管理を強化。これにより商品を高温・風雨などの影響から守ります。

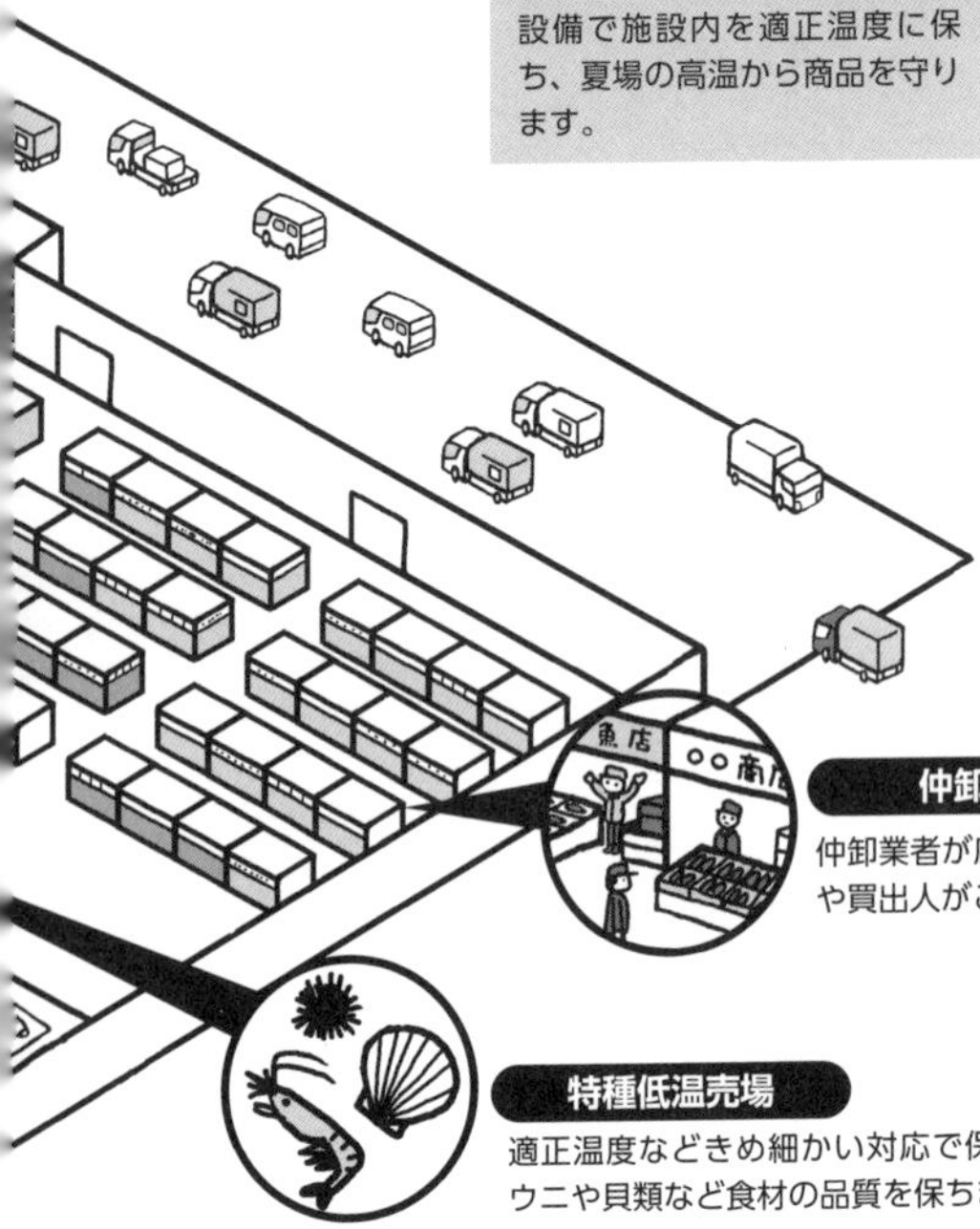

仲卸売場

仲卸業者が店を構えるエリアです。買参人や買出人がここで商品を仕入れます。

特種低温売場

適正温度などきめ細かい対応で保管し、ウニや貝類など食材の品質を保ちます。

中央卸売市場へようこそ

横浜市中央卸売市場本場水産棟の場合

※「YOKOHAMA MARKET 横浜市中央卸売市場本場水産棟 リノベーション」に掲載された市場配置図を参考にしました。

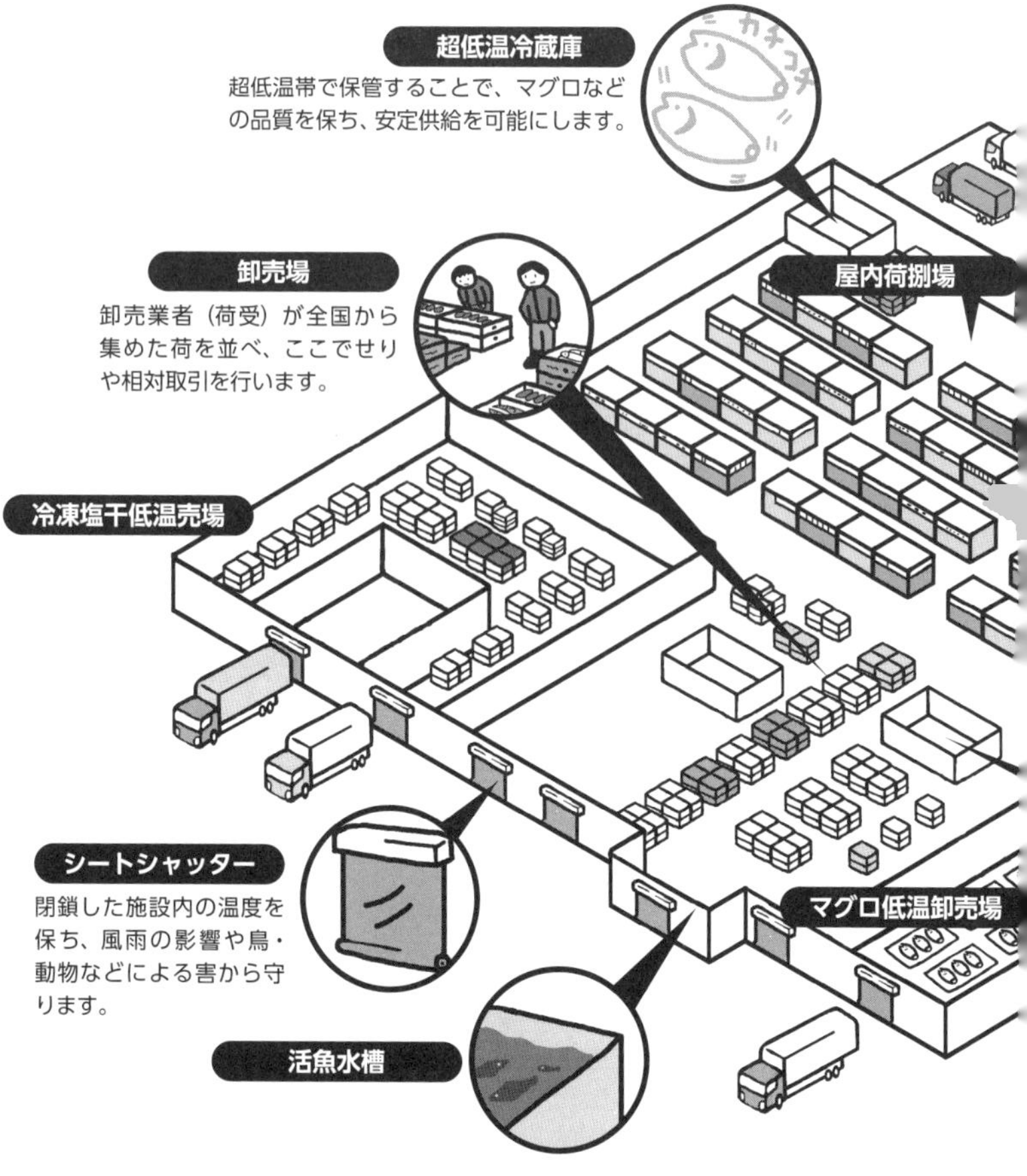
超低温冷蔵庫
超低温帯で保管することで、マグロなどの品質を保ち、安定供給を可能にします。
卸売場
卸売業者（荷受）が全国から集めた荷を並べ、ここでせりや相対取引を行います。
屋内荷捌場
冷凍塩干低温売場
シートシャッター
閉鎖した施設内の温度を保ち、風雨の影響や鳥・動物などによる害から守ります。
マグロ低温卸売場
活魚水槽

卸売市場には大事な役割がありプロの仕事人が働いている

卸売《おろしうり》市場の6つの役割

多種多様な魚介《ぎょかい》や青果を国内はもとより海外からも集めて、安定的に供給しているのが卸売《おろしうり》市場です。私たちの食生活に欠かすことのできない魚や野菜などの生鮮《せいせん》食品は、鮮《せん》度《ど》が求められて長期保存ができません。また、天候などにより生産量の増減があり、価格も毎日変わります。消費される場所が生産地から遠く離《はな》れているケースも多くあります。

そのような性質をもった生鮮《せいせん》食品を安全確実に流通させるために、卸売《おろしうり》市場を経由した仕組みがつくられました。卸売《おろしうり》市場には、多品種で大量の魚介《ぎょかい》や青果が集まります。多くの買い手とのあいだで短時間のうちに、価格が公正に決まり販売《はんばい》されます。その品物の受け渡《わた》しとともに、代金の支払いを迅速《じんそく》に行う機能も備えているのです。卸売《おろしうり》市場の役割を

図表1　卸売市場の6つの役割

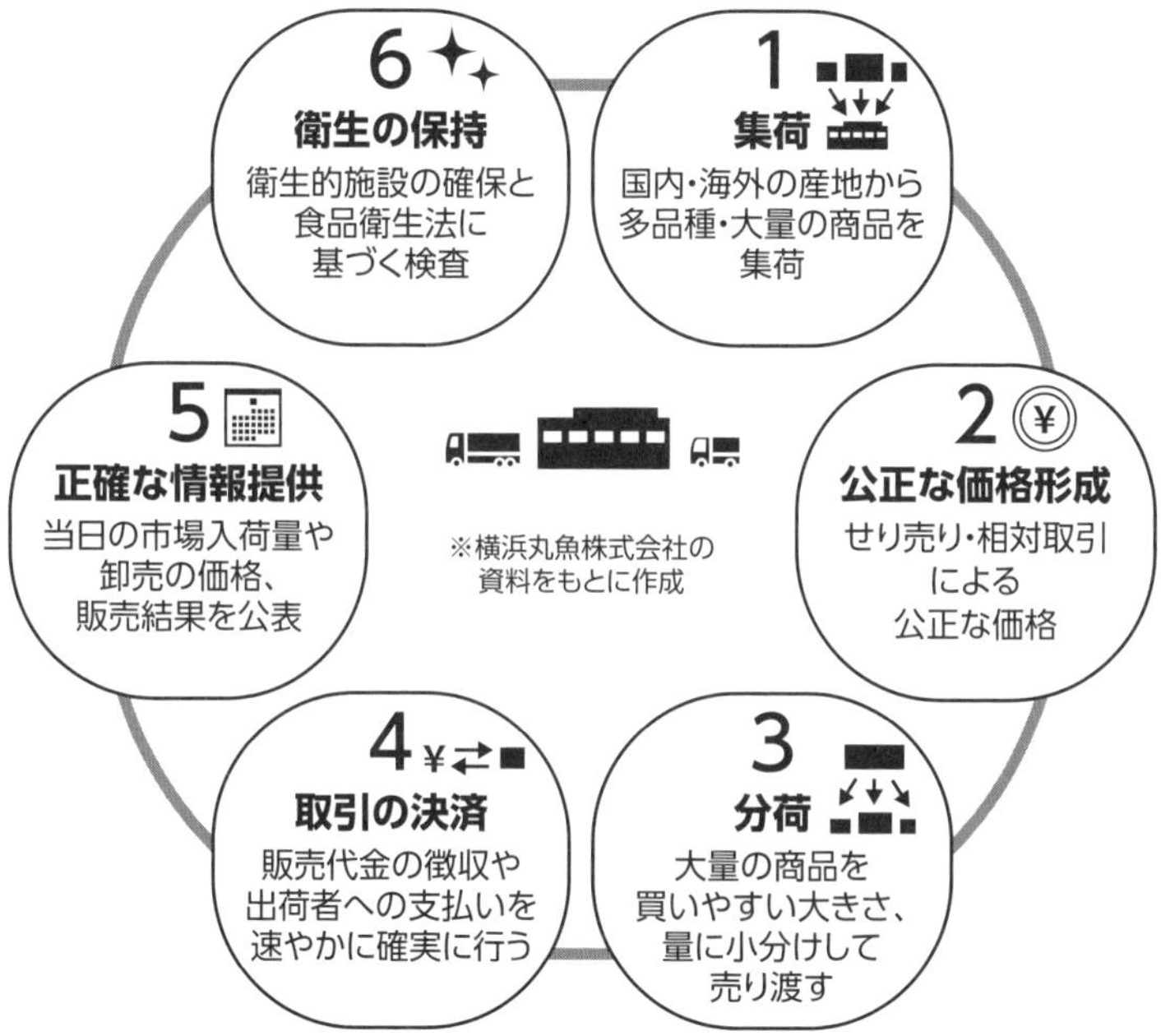

まとめると、つぎのようになります（図表1）。

①**集荷**　国内・国外の産地から多品種・大量の商品を集める。

②**公正な価格形成**　せり売り・相《あい》対《たい》取引（18、19ページ）により公正な価格を決定する。

③**分荷**《ぶんか》　大量の商品を買いやすい大きさ、量に小分けして売り渡《わた》す。

④**取引の決済**　販《はん》売《ばい》代金の徴《ちょう》収《しゅう》や出荷者への支払いを速やかに確実に行う。

⑤**正確な情報提供**　当日の市

場入荷量や卸売《おろしうり》の価格、販売《はんばい》結果を公表する。

⑥**衛生の保持**　衛生的施設《しせつ》の確保と食品衛生法に基づく検査をする。

卸売《おろしうり》市場を分類してみよう

卸売《おろしうり》市場では、水産物、青果物、食肉、花き類を取り扱《あつか》っていますが、本書では水産物にしぼって話を進めていきます。

卸売《おろしうり》市場は、中央卸売《おろしうり》市場と地方卸売《おろしうり》市場に大きく分けられます。中央卸売《おろしうり》市場は、人口20万人以上の都市にあって、その周辺の地域も含《ふく》めた流通の中核拠点《ちゅうかくきょてん》としての役割を担っています。東京都中央卸売《とうきょうとちゅうおうおろしうり》市場（築地《つきじ》市場）をはじめ、札幌《さっぽろ》、横浜《よこはま》、名古屋《なごや》、京都《きょうと》、大阪《おおさか》、福岡《ふくおか》など全国30都市に35の水産物の卸売《おろしうり》市場があります（２０１５年度末時点）。地方卸売《おろしうり》市場は、地方都市の消費地にあるものや、漁港があり市場を併設《へいせつ》しているところなど日本各地に多数存在します。

また、地方卸売《おろしうり》市場は水産物が水揚《みずあ》げされる漁港に開設される「産地市場」と一定の消費人口をかかえる都市に開設される「消費地市場」（中央卸売《おろしうり》市場を含《ふく》む）という分類もします。地方の中小規模の漁港から日本《にほん》の主要な漁港である八戸《はちのへ》、気仙沼《けせんぬま》、境港《さかいみなと》、銚子《ちょうし》、焼津《やいづ》、長崎《ながさき》などは産地市場になります。ただし、魚が水揚《みずあ》げされて、しかも一定の消費人口をかかえる地方都市の産地市場は、消費地市場としての役目も負っています。また、漁港をもたない消費地市場も地方都市には多くあります。水産物は、漁港のある産地市場から築地市場を経て、ほかの中央卸売《おろしうり》市場や地方卸売《おろしうり》市場に送られることもあります。

①中央卸売《おろしうり》市場 人口20万人以上の都市で消費地をひかえ、農林水産《のうりんすいさん》大臣の認可を受けて開設される。開設者は地方公共団体。

②地方卸売《おろしうり》市場 都道府県知事の認可により開設される。開設者は市町村や第三セクター、民営企業《きぎょう》など。卸《おろし》売場の面積が一定規模(産地市場330平方メートル・消費地市場200平方メートル)以上という条件がある。

③産地市場 小さな町の漁港から主要な漁港まで水揚《みずあ》げされた産地で開設される。

④消費地市場 大都市から地方都市まで一定の消費人口を擁《よう》する都市に開設される。

市場流通の仕組みと働く人びと

水産の場合に限定して、市場流通の仕組みを説明しましょう(16ページ図表2)。産地には、漁師や養殖《ようしょく》業者など生産者と呼ばれる人たちがいます。生産者は直接、中央卸売《おろしうり》市場(消費地市場)へ水産物を出荷することもありますが、魚介《ぎょかい》の多くは水揚《みずあ》げされた漁港に近い産地市場でせりや入札にかけられます。せり落とされた魚介《ぎょかい》は、地元のスーパー

図表2 市場流通の仕組み

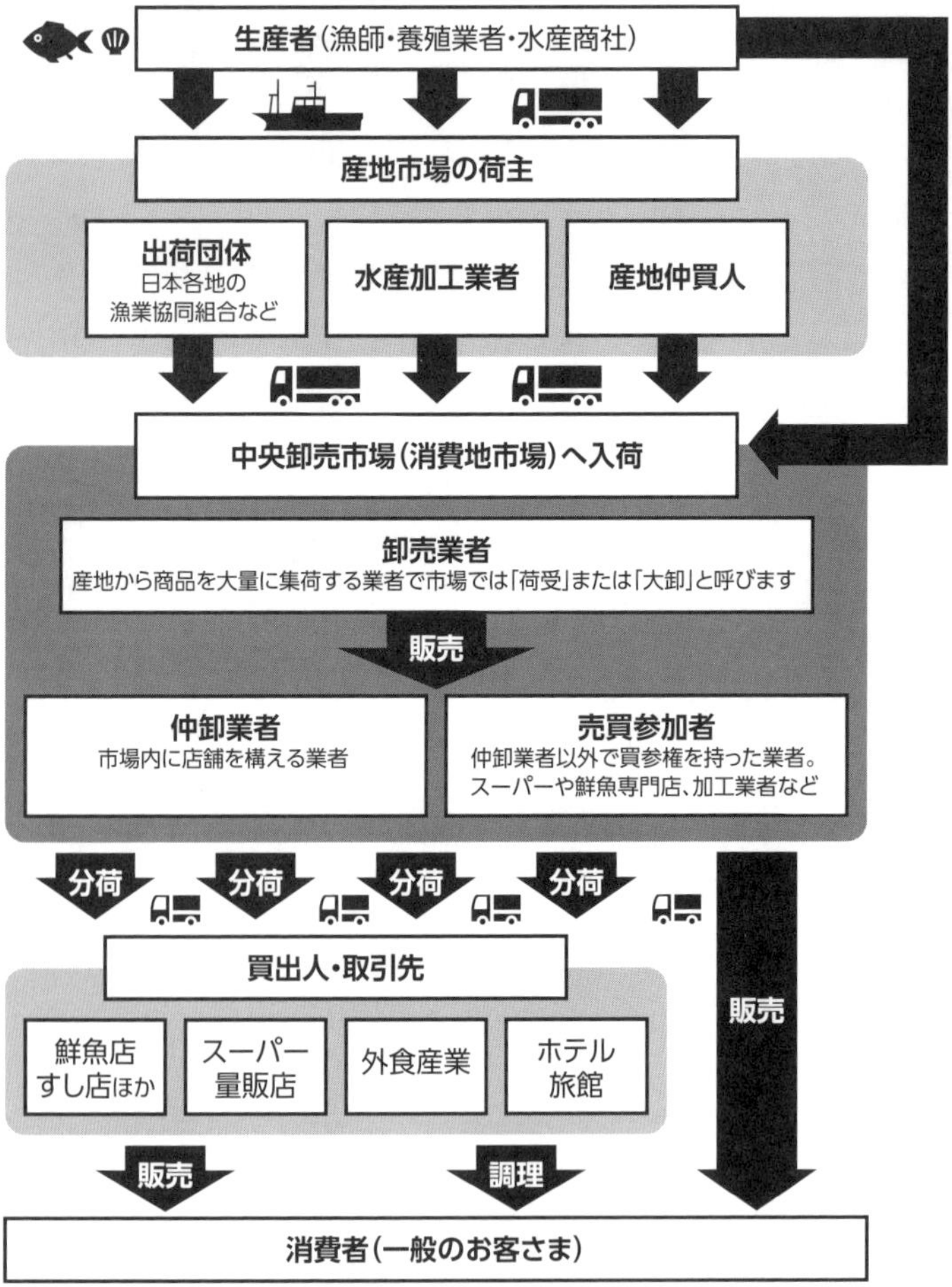

※横浜丸魚株式会社の資料をもとに作成

マーケットや旅館・ホテル、料理店などに販売《はんばい》されます。しかし、それは一部にすぎません。産地市場には、中央卸売《おろしうり》市場に向けて水産物を供給する大きな役割が別にあるのです。産地市場から消費地市場に魚介《ぎょかい》を送るのは、漁業協同組合などの出荷団体、産地仲買人、水産加工会社です。生産者も含《ふく》めて、これらの人びとを「荷主《にぬし》」と呼んでいます。

このように水産物の流通は、産地市場と消費地市場の２つの市場を経て、小売業者や消費者のもとへ届く仕組みになっています。中央卸売《おろしうり》市場でその荷を引き受けるのが、卸《おろし》売《うり》業者（以下、荷受《にうけ》）です。卸《おろし》売場のせり場で仲卸《なかおろし》業者（以下、仲卸《なかおろし》）や売買参加者（以下、買参人《ばいさんにん》）などと取引して販売《はんばい》します。そこで活躍《かつやく》するのが「せり人」と呼ばれる人たち。地域や魚種ごとに専門のせり人がひかえていて、買い手との交渉《こうしょう》を行います。

最後に仲卸《なかおろし》や買参人《ばいさんにん》は、市場の外から買いつけに来る買出人《かいだしにん》、つまりせりや入札に参加できない小売業者や外食業者に販売《はんばい》したり、仕入れた魚介《ぎょかい》を仕分け（分荷《ぶんか》）して、取引先へ商品を届けたりします。卸売《おろしうり》市場で働く人びとの仕事の内容をまとめてみます。

①卸売《おろしうり》業者　荷主《にぬし》から依頼《いらい》された魚を引き受けて、せりや入札、相対《あいたい》取引で仲卸《なかおろし》などの買受人《かいうけにん》に卸売《おろしう》りする。「荷受《にうけ》」、「大卸《おおおろし》」とも呼ばれる。

②仲卸《なかおろし》業者　卸売《おろしうり》業者からせりなどで買った魚介《ぎょかい》を市場内にある店で小分けして、料理店やすし店、鮮魚店《せんぎょてん》、飲食店などの買出人《かいだしにん》に販売《はんばい》する。

③売買参加者　スーパーや外食業者、加工業者など、せりや相対《あいたい》取引に参加できる買参《ばいさん》権をもち、卸売《おろしうり》業者から直接買うことができる。

④買出人《かいだしにん》　鮮魚《せんぎょ》店などの小売商やすし店、飲食店など、自分の店で使う材料を市場内にある仲卸《なかおろし》業者の店から仕入れる。

⑤開設者　市場施設《しせつ》の管理・運営、取引の指導、食品衛生の監視《かんし》・指導などを行う。地方公共団体がその役割を担う。

卸売《おろしうり》市場での取引方法

卸売《おろしうり》市場内での取引について説明しましょう。

卸売《おろしうり》市場では、せりや入札でいちばん高い価格をつけた人が商品を入手することができます。せりや入札は多くの市場で行われていますが、今では相対取引《あいたい》（以下、相対《あいたい》）が主流になっています。相対《あいたい》というのは、荷受《にうけ》であるせり人が個別に仲卸《なかおろし》や買参人《ばいさんにん》と交渉《こうしょう》して行う取引のことです。中央卸売《おろしうり》市場においては、冷凍《れいとう》品や加工品はほとんどが相対《あいたい》になっていて、鮮魚《せんぎょ》においても、せりや入札の割合は、金額ベースで全体の3割を切っていると言われています。

また、相対《あいたい》取引のなかで、総合スーパーや量販《りょうはん》店、大手飲食チェーン店など大量の魚を購入《こうにゅう》したい大口の業者向けに予約販売《はんばい》することもあります。荷がせり場に上がってからの取引では時間もかかるため、事前に交渉《こうしょう》を行う方法です。

①せり　いちばん高い価格をつけた人がせり落とす方法。地方によっては、価格を下げていく方式や途中《とちゅう》まで下げていって、一定のところで上げるめずらしいせりもある。せりの方式や使われる符丁《ふちょう》（暗号）もさまざま。

②入札　入札参加者が紙や黒板に欲しい量と値段を書いてせり人に渡《わた》し、高い価格を提示した人がせり落とす方法。

③相対《あいたい》取引　荷受《にうけ》があらかじめ販売《はんばい》価格を定めることなく、仲卸《なかおろし》や買参人《ばいさんにん》との交渉《こうしょう》で販売《はんばい》価格と数量などを決める方法。

卸売《おろしうり》市場では、産地市場と消費地市場とでそれぞれの役割があることを念頭に入れておくとよいでしょう。消費地市場である中央卸売《おろしうり》市場ひとつとっても、働く人たちの仕事内容は多岐《たき》にわたっています。私たちが毎日食べている魚介《ぎょかい》がどのような経路をたどって、その過程でどのようなプロの目や技能が活かされているのか、この後の2章と3章で紹介《しょうかい》します。

魚市場の時間を見てみよう

昼夜逆転の市場時間 ある日の12時間ウォッチング

多くの人がマイカー通勤

魚市場で働く人たちには、共通する仕事上のある特色があります。それは勤務時間帯が、通常の会社員とはまったく異なるということです。多くの市場関係者は、自家用車で通勤しています。通勤する時間に始発の電車がまだ動いていないからです。そして、市場では、夜中から早朝、午前中にかけて仕事が集中します（職種によっては通常の時間帯勤務もあります）。

市場では、いつ、誰《だれ》が、どのような仕事に就いているのでしょうか。神奈川県《かながわけん》にある横浜市中央卸売市場本場《よこはましちゅうおうおろしうりしじょうほんじょう》水産物部の深夜12時から正午までの時間の経過にあわせ、市場で働く人たちの奮闘《ふんとう》ぶりをダイジェストで紹介《しょうかい》します。

深夜12時　全国から魚《ぎょ》介《かい》が届く。町も寝静《ねしず》まったころ、市場内では大型トラックが行き来しています。北海道《ほっかいどう》、関西、九州、北陸、中部地方など全国各地から走ってきています。地方の出荷業者が魚荷（水産物）を積み、横浜市中央卸売市場に運んできました。空輸も一部ありますが、ほとんどが陸送です。前日の夕方から荷が届き始め、夜中の１～２時ごろピークを迎《むか》えます。

午前１時　小揚《こあげ》さん出番ですよ。荷物が市場に下ろされると、小揚《こあげ》（市場内で荷物の運搬《うんぱん》を担う仕事）の出番となります。フォークリフトを自在に使いこなし、20～30ケースがひとまとめにされた発泡《はっぽう》箱（発泡《はっぽう》スチロールの箱）をせり場の所定の位置に置いていきます。事前情報をもとに、大量の荷をフットワークよくさばきます。せりや相対《あいたい》の取引時間に間に合わせるため、時間との闘《たたか》いになります。

午前3時　目利きの下づけ開始。この時間になると、せり場所にはせり物品の発《はっ》泡《ぽう》箱が並《なら》べられて、そのほか相対《あいたい》で取引される魚介《ぎょかい》も、せり場のスペースを埋《う》めていきます。その日の相対《あいたい》の荷は、決められた位置に小揚《こあげ》が運んできます。せりや相対《あいたい》を前に、仲卸《なかおろし》や買参人《ばいさんにん》の魚の下づけ（魚の価値を見極める）はすでに始まっていて、せりや相対《あいたい》に出される鮮魚《せんぎょ》に百戦錬磨《れんま》の目利きの目が光ります。

午前4時　活魚《かつぎょ》も全国から集荷。全国の産地から活魚《かつぎょ》輸送専用のトラックで運ばれてきた活魚《かつぎょ》（生きたまま輸送される魚のこと）は、水槽《すいそう》に入れられます。マダイ、カンパチ、ヒラメなどは養殖《ようしょく》ものが主で、アナゴ、ハモなど天然ものも入荷されます。卸売《おろしうり》業者の専任担当者が鮮度《せんど》を保つために活《い》けじめにしたり、そのまま生きた状態で出荷されたり。水槽《すいそう》内の海水や酸素の状態にも気を配りながら、卸《おろ》し先のリクエストにも対応します。

午前４時30分　せりの合図は鐘《かね》の音。鐘《かね》の合図とともに、その日、最初のせりが始まります。横浜市中央卸売市場では、月ごとに決められたせりの物品をそろえていて、「関西・近海」の鮮魚《せんぎょ》とすし種《だね》を中心にした「特種」と呼ばれる鮮魚《せんぎょ》のせりが、１週間ごとに交互《こうご》に行われます。市場がいちばん市場らしい活気に包まれるのもこの時間帯です。せりにかかる時間は短く、その後は相対《あいたい》取引に移っていきます。

午前５時50分　マグロをめぐる攻防《こうぼう》。マグロの低温卸《おろし》売場では、常に内部を低温に保ち、鮮度《せんど》を保持しています。生マグロと冷凍《れいとう》マグロが別々に並《なら》べられ、せりの前に仲卸《なかおろし》が下づけに来るのもこの場所。せり場は、卸売《おろしうり》業者別に２カ所のブースが設置されています。せり人が立つ台の向かいに、仲卸《なかおろし》業者用のひな段があります。下づけしたメモ帳を手に、いつもの定位置に仲卸《なかおろし》が立てば、いよいよせりの開始。

午前６時～　追っかけというせり。神奈川の平塚《ひらつか》漁港で、その日３～４時ごろ水揚《みずあ》げされた魚介《ぎょかい》が横浜市中央卸売市場にトラックで運ばれてきます。神奈川の近海でとれた魚を、その日の朝のせりにかける――これは「追っかけ」と呼ばれる昔《むかし》からある横浜の伝統的なせりです。せりにかけられる魚種もせりの時間も、その日の漁しだい。追っかけのせりは年間を通して行われています。

午前６時30分～　運搬《うんぱん》車が市場を走る。せりや相対《あいたい》で仕入れた魚は仲卸《なかおろし》の店舗《てんぽ》に運ばれてきます。この運搬《うんぱん》に利用されるのがターレット（ターレとも言う。荷役《にやく》用運搬《うんぱん》車）やネコ車（手で引くリヤカーのような運搬《うんぱん》具）と呼ばれるものです。市場内の導線をひっきりなしに行き交い、せり場で仕入れ先が決まった発泡《はっぽう》箱を仲卸《なかおろし》の担当が店に運び入れます。マグロはネコ車で引いて、店まで運んでいきます。

午前7時～　仲卸《なかおろし》のさまざまな顔。仲卸店舗《なかおろしてんぽ》で仕入れた魚目当てに、すし店、鮮魚《せんぎょ》店、和食割烹《かっぽう》店や日本料理店などの買出人《かいだしにん》がやってきます。鮮《せん》魚《ぎょ》を扱《あつか》う店は陳列《ちんれつ》も工夫されて品ぞろえも豊富。塩蔵品や乾物《かんぶつ》や練り製品などを扱《あつか》う店には、これぞという珍味《ちんみ》あり。また、マグロ専門店では顧客《こきゃく》の要望に細かく応えてくれます。せり場に隣接《りんせつ》して、多彩《たさい》な顔をもつ仲卸店舗《なかおろしてんぽ》を楽しめるのも卸売《おろしうり》市場ならでは。

正午　市場内に静寂《せいじゃく》が戻《もど》る。市場の中は、小分け・配送業務に追われている仲卸《なかおろし》もいますが、大方は店じまいしています。せり場に人の気配はなくなり、シーンと静まり返っています。卸売《おろしうり》業者のせり担当者は、午前8時ごろには、せり場の上階にあるオフィスに戻《もど》ります。そこで翌日分の荷の集まり状況《じょうきょう》を確認したり、仲卸《なかおろし》や買参人《ばいさんにん》へ入荷予定情報を発信したり、その日、最後の仕事に就きます。

江戸と大坂、横浜に見る魚市場の歴史トピックス

魚市場、三都物語

現在の卸売市場《おろしうり》（水産）の原型は、いつごろできたのでしょうか。時間を江戸時代までさかのぼって、江戸・日本橋《にほんばし》や大坂《おおさか》の魚市場や、明治のころの横浜の市場事情を見てみましょう。

「日本一の台所」とも言われる築地市場ができる前には、東京の日本橋に魚河岸《うおがし》がありました。魚河岸《うおがし》の起源は、幕府が江戸の佃島《つくだじま》の漁師に近海でとれた魚介類《ぎょかい》を江戸城に献上《けんじょう》させ、その帰りに余った魚を日本橋の河岸《かし》で販売《はんばい》することを認可したことに始まります。今でいう魚市場です。

江戸の町を天秤棒《てんびんぼう》を担いで威勢《いせい》のよい声を出して魚を売り歩く魚屋（棒手振《ぼてふ》り）が仕入

れる場所が魚河岸《うおがし》だったのです。

江戸時代、日本橋の魚市場には、鮮魚《せんぎょ》を積んだ押送船《おしょくりぶね》がたくさん集まりました。江戸前の海は魚介《ぎょかい》類の宝庫でした。

徳川家康《とくがわいえやす》が江戸に来たころは、浅瀬《あさせ》や湿地《しっち》が広がっていて、山や台地を削《けず》って埋《う》め立てをして都市が形成されていきます。急増する人口に対して食料を大量に供給することが求められていた時代。新しく土地が開墾《かいこん》され、米・穀類《こくるい》を増産し、魚介《ぎょかい》も東京湾《わん》や房総《ぼうそう》半島近辺、相模湾《さがみわん》などから効率よく集めて販売《はんばい》する仕組みがしだいに整えられます。

魚市場の問屋は毎朝、関東近在の漁師が水揚《みずあ》げした魚介《ぎょかい》を仲買業者に、いわば委託《いたく》方式で卸《おろ》します。この時にはまだ魚の値段は決まっていません。仲買は棒手《ぼて》振りや料理屋に対面取引で販売《はんばい》し、朝の商売が引けたところで卸値《おろしね》が提示されて決済となります。

一方、大坂は天然の良港にも恵《めぐ》まれて、全国の流通の中心になりました。大坂湾《わん》沿岸の漁村からは雑魚《ざこ》を

明治末年から大正初期のころの日本橋魚市場

中央区立郷土天文館「タイムドーム明石」所蔵

「(帝都名所) 日本橋魚河岸及び人形町馬喰町方面の遠望」より

多くの人でにぎわう大坂・雑喉場の朝の光景
歌川広重画『浪花名所図会 雑喉場魚市の図』国立国会図書館所蔵

中心にした魚介《ぎょかい》が集まり「雑喉場《ざこば》」と呼ばれる魚市場が形成されていきます。

大坂周辺の和泉《いずみ》や瀬戸内海《せとないかい》や紀州《きしゅう》の熊野《くまの》あたりからも魚介《ぎょかい》類をのせた早船が雑喉場《ざこば》に着岸しました。春から夏にかけて瀬戸内海でとれるマダイは「桜鯛《さくらだい》」と呼ばれ珍重《ちんちょう》されます。鮮魚《せんぎょ》を扱《あつか》う問屋の仕切りのもと、朝の威勢《いせい》のよいせりの声が響《ひび》き、多くの見物人を集めていました。

中央卸《おろし》売《うり》市場の誕《たん》生《じょう》

このように現在の魚市場の原型は、江戸時代の魚河岸《うおがし》や雑喉場《ざこば》に見受けられます。都市の人口は明治・大正となると、さらに肥大化していきます。これまでのような自然発生的な青空市や定期的に開かれる「市」だけでは需要《じゅよう》をまかないきれません。明治中期を過ぎると、都市には住宅街《がい》が形づくられ、鮮魚《せんぎょ》店や青果店などの小売商が現れ、しだいに増えていきます。しかし、小売りの形態は変わっても、江戸時代から続く問屋資本による流通に従えば、産地では農漁民が米や魚を安く買いたたかれ、都市部では高く売られるという庶民《しょみん》にとっては厳しい現実がありました。

その行きつく先が、1918（大正7）年に起こった「米騒動《そうどう》」です。問屋資本が食料品の買い占《し》めや売り渋《しぶ》りを行ったために、物価が高騰《こうとう》し、庶民《しょみん》の生活をひどく苦しめました。全国的な騒動《そうどう》にまで発展したこの事件を受けて、地方から都市部への人口流入が続いた大正末から昭和初期には民衆に食料を安定供給することが、国の差し迫《せま》った課題となったのです。

そんな社会的背景の中、1923（大正12）年には「中央卸売市場法《おろしうりしじょうほう》」が制定されます。中央卸売《おろしうり》市場法では、公設市場をつくってせり取引を原則とし、価格の決め方に透明性《とうめいせい》をもたせることなどが求められました。

中央卸売《おろしうり》市場が実際に開設するのは、1927（昭和2）年のことです。京都《きょうと》市で最初につくられ、高知《こうち》市、横浜市、大阪《おおさか》市と続きます。東京中央卸売《おろしうり》市場の開設は、1935（昭和10）年のことです。

横浜魚市場ヒストリー

最後に、横浜市中央卸売市場の場合を例にとり、明治から昭和にかけての歴史をひもといていきます。

1970年代の横浜市中央卸売市場（パネル複写）

横浜市のＪＲ関内《かんない》駅の近くには、「港町魚市場跡《あと》」の記念碑《ひ》があります。ここには近代的な市場の先駆《さきが》けにもなった魚市場がありました。明治初頭、横浜の実業家・高島嘉《たかしまか》右衛門《えもん》が魚介《ぎょかい》類、青果物、獣《じゅう》肉、鳥肉を取り扱《あつか》う業者を入れて市場を開設したことに端《たん》を発し、１９０９（明治42）年、横浜食品市場株式会社が設立されて、「水産物や青果物問屋に店舗《てんぽ》を貸して日増しに繁昌《はんじょう》した」ことなどが記念碑《ひ》には記されています。

　ところが、関東大震災《かんとうだいしんさい》で港町魚市場は全焼してしまいます。その後、水産物の流通の近代化を推し進めようという時代の要請《ようせい》を受けて、港町魚市場は神奈川魚市場とともに役目を終えます。そして、横浜市中央卸売《おろしうり》市場は全国で3番目の中央卸売《おろしうり》市場として、１９３１（昭和６）年2月に開設されました。

　戦時中は、食料統制や物資不足などが続き、鮮魚介《せんぎょかい》類を消費者に配給する方法が取られ、市場としての機能は失われました。

　戦後、１９４８（昭和23）年になると、市場取扱《とりあつかい》量（生鮮《せいせん》品と加工品）は3万１９９

0トンとなり、戦前において、市場開設以来最高だった1941（昭和16）年の2万8854トンを超《こ》えます。1959（昭和34）年には戦前の2倍となる6万トン近くまで拡大しました。

その後も順調に数量を増やしていきますが、1982（昭和57）年の27万3896トン（昭和45年から冷凍《れいとう》品の取り扱《あつか》いも始まり、取扱《とりあつかい》量は大幅《おおはば》に増加。その内、生鮮《せいせん》品6万4975トン、冷凍《れいとう》品13万2126トン）を最高に減少し始め、2016（平成28）年には6万2306トン（その内、生鮮《せいせん》品2万6077トン、冷凍《れいとう》品1万1876トン）の水準まで落ちています。ちなみに生鮮《せいせん》品の取扱《とりあつかい》量のピークは1969（昭和44）年の10万4216トンです。近年、鮮魚《せんぎょ》を含《ふく》めた市場取扱《とりあつかい》量が減少傾向《けいこう》にあることが理解できるのではないでしょうか。

読者のみなさんが住んでいる地域の中央（地方）卸売《おろしうり》市場にも、それぞれ歴史があります。市場の現状も含《ふく》めて、ホームページなどで実際に調べてみるとよいでしょう。つぎの項目《こうもく》では、私たちの食生活の変化がもたらす課題や、中央卸売《おろしうり》市場（消費地卸売《おろしうり》市場）を取り巻く状況《じょうきょう》の変化についてふれます。

毎日の暮らしと切り離せない魚市場

私たちの食生活と魚市場を取り巻く環境の変化

日本の誇《ほこ》るべき魚食文化

今、私たちの毎日の食生活の中で「魚離れ《さかなばなれ》」が進んでいるといわれています。若い読者には実感がないかもしれません。回転寿司《ずし》もよく行くし、魚の定食メニューも大好きという人も多いでしょう。でもそれは外食でのお話。家庭料理の中で、焼き魚や煮魚など主要なおかずとして、週に何回くらい食卓《しょくたく》にのぼっていますか。シジミやワカメなど貝類や海藻《かいそう》の入った味噌汁《みそしる》はどうでしょう。おかずとしては、魚よりも肉のほうが多いと答える人がほとんどではないでしょうか。

統計で見てみましょう。食用魚介類《ぎょかい》の一人一年当たりの消費量は、2001（平成13）年の40・2キログラムをピークに減少していて、2015（平成27）年には、前年より

魚の定食は日本人になじみの深いメニュー

０・８キログラム少ない25・８キログラムになりました（農林水産省「食料需給《じゅきゅう》表」）。若い人ほど摂取《せっしゅ》量が少なく、特に40代以下の世代の摂取《せっしゅ》量は50代以上の世代と比べて顕著《けんちょ》に少なくなっています。肉類の一人一年当たりの消費量が、２０１５年に30・７キログラムなので、統計からも魚より肉を好む傾向《けいこう》が全国に広がっていることがわかります。

　魚肉は牛肉・豚《ぶた》肉・鶏《とり》肉と並《なら》ぶ貴重なタンパク源であり、ほかの食品ではとりにくい魚ならではの栄養素もたくさん摂取《せっしゅ》できます。私たちが生きていくうえで必要な必須《ひっす》アミノ酸をバランスよく含《ふく》み、魚の脂質《ししつ》には、ドコサヘキサエン酸（ＤＨＡ）や、エイコサペンタエン酸（ＥＰＡ）といった不飽和脂肪《ふほうわしぼう》酸が含《ふく》まれ、これらは多くの病気の予防に効果があるといわれています。

日本人の健康の維持《いじ》・増進に魚介類《ぎょかい》はとても大きな役割を果たしてきました。季節の魚をいろいろな調理法で食べてきた魚食文化が日本にはあります。ほかの国では類をみないさまざまな魚を使った料理や食材が全国各地にあって、毎日のおかずとして、郷土料理や伝統食として、大切に守られて受け継《つ》がれてきたのです。しかし、魚を食べる習慣がなくなってしまうと、地域に根づいてきた魚食文化を今後守っていけるかどうか、難しくなります。この魚離《さかなばな》れの背景には、どのようなことが考えられるのか見てみましょう。

肉もいいけど、魚も食べたい

核家族化《かくかぞく》が進み、両親が仕事をしていれば、どうしても食事の用意は「簡単に時間をかけず」が原則になります。どこのスーパーへ行っても、品ぞろえや陳列《ちんれつ》方法に多少の違《ちが》いはあっても、冷凍《れいとう》の輸入水産物なしに魚売場は成り立ちません。主にアジア諸国から輸入されているエビ類やロシア産のカニ、世界各地から取り寄せるマグロ・カジキ類、チリ産のギンザケの切り身やノルウェー産サーモンなど売場に多く見受けられます。

ところが鮮魚《せんぎょ》となると、季節ごとの新鮮《しんせん》な魚を売り場に毎日並《なら》べている店は意外と少ないものです。漁港に近い地方スーパーに行けば、その日、水揚《みずあ》げされた鮮魚《せんぎょ》を見かけますが、町の魚屋さんが全国的に減り続けている今、消費者が鮮魚《せんぎょ》を買う動機づけが薄《うす》れてきています。特に都市部ではその傾向《けいこう》が強くなっています。鮮魚《せんぎょ》を売りにする専門店を探さなければ、活きのよい国産の魚になかなか出合えないのが実状です。

消費者側も丸魚を買ってきて三枚におろすのは手間もかかるし、ウロコや内臓の処理もあります。集合住宅の暮《く》らしではどうしても敬遠されてしまいます。家計のことを考えると、割安感のある肉類や冷凍《れいとう》加工品などの水産物に手が伸《の》びてしまうということかもしれません。

水産物消費量は減少し続けていますが、一方で消費者はもっと魚を食べたいという意識が根強くあります。今後の摂取《せっしゅ》量に関しての調査（日本政策金融公庫《にっぽんせいさくきんゆうこうこ》「平成28年度上半期消費者動向調査」）では、「魚介《ぎょかい》類の摂取《せっしゅ》量を増やしたい」という回答が肉類を上回っています。そして、調理するさいの消費者の考え方は、「できるだけ簡単にしたい」と「おいしいものをつくりたい」が多数を占《し》めます。「おいしい魚は食べたいけれど、手間はかけたくない」との消費者意識が浮《う》かび上がってきます。

現代の暮《く》らしの変化が魚離《さかなばな》れの背景にはありますが、消費者に注目され続ける有望な食材であることは、今も変わりません。

鮮魚店の店頭に並ぶ魚たち

魚がどんどんいなくなる？

小さな国土ながら四方を豊かな漁場に恵《めぐ》まれた日本は、世界6番目の海の広さをもち、海の体積では4番目といわれます。沿岸をいくつもの海流が流れ、地形の複雑さから多くの魚種が季節ごとに水揚《みずあ》げされています。

かつて、日本は1980年代には世界一の水産物の生産量を誇《ほこ》っていました。1984（昭和59）年、漁業・養殖《ようしょく》業の国内生産量は1282万トンを最高に、2011（平成23）年の東日本大震災《ひがしにほんだいしんさい》があった年には477万トンに落ち込《こ》み、2015（平成27）年には、469万トンとさらに減少しています。

日本の漁業は、遠洋漁業、沖合漁業、沿岸漁業、海や陸地での養殖《ようしょく》業、湖沼《こしょう》や河川で行われる漁業などに分けられます。そのなかで注目したいのが日本の漁業者の約8割が従事する沿岸漁業です。沿岸漁業全体の生産量の約4割が定置網*《ていちあみ》漁業によるものです。定置《ていち》網《あみ》には、季節ごとに多くの魚種が漁獲《ぎょかく》され、その数は100種類以上ともいわれます。

日本の漁業の柱である沿岸漁業は、家族経営が中心です。その経営規模は年収300万円以下の小規模経営が7割近くを占《し》めています。このまま生産量も減少し、魚離《さかなばな》れが進めば、漁師の生計はいずれ成り立たなくなります。日本漁業の行く末は、地域で沿岸漁業に従事する漁業者の生活を守れるかどうかにかかっていると言っても過言ではありません。

「獲《と》る漁業から育てる漁業へ」。養殖《ようしょく》業が将来の日本漁業の救世主になるとの期待もありましたが、それも難しいようです。

養殖《ようしょく》魚では、ブリやカンパチ、マダイ、ホタテガイ、カキ類などが代表的です。西日本では、クロマグロの養殖《ようしょく》も広がっています。おいしさも証明されていて広く食べられています。しかし、順調に生産されると、価格が抑《おさ》えられてしまい、漁業者が安定的な利益を生み出せないという側面もあります。また、養殖《ようしょく》魚を育てるためには天然魚を大量にえさとして与《あた》える必要があり、養殖《ようしょく》生産には自ずと限界があるとも指摘《してき》されています。

日本の漁業は、高齢《こうれい》化が進み後継者《こうけいしゃ》が育たず、漁業就労者数の減少が続いています。若い就労者が漁業を続けたくても、生活が成り立たないという見逃《みのが》せない現状もあるのです。

＊定置網漁業　海中の定まった場所に網を設置して、回遊する魚の群れを誘い込む漁法。

沿岸漁業を継続《けいぞく》していくためには、限られた水産資源を守りながら、生産を維持《いじ》していくことです。魚離《さかなばな》れどころか、魚そのものが私たちの食卓《しょくたく》から姿を消してしまっては元も子もありません。

しかし、私たちが国産の鮮魚《せんぎょ》を買い、おいしく食べることで需要《じゅよう》を満たし、魚の価格が適正に決められて、漁業者に安定した所得をもたらすことができれば、この危機的状況《じょうきょう》にも光を見いだせるかもしれません。

魚に感謝して、旬《しゅん》の魚を味わう

今、「市場外流通」という言葉がよく使われています。本書では、水産物が産地から卸《おろし》売《うり》市場を経由して、消費者が家庭や飲食店でおいしい魚を食べるまでの流れを紹介《しょうかい》しています。魚市場ではそれぞれの役割をもつプロの目利きが、ひとつの水産物を鮮度《せんど》のよい状態で消費者に届ける仕組みができています。しかし一方で、消費地卸売《おろしうり》市場を通さないで産地と総合スーパーマーケットや外食チェーン店など小売業者のあいだで、直接水産物が売買されるケースも増えてきているのです。

現状を見てみると、水産物の国内消費量が減少する中で、２０１３（平成25）年の水産物の消費地卸売《おろしうり》市場経由率は54パーセントと20年前と比較《ひかく》して16パーセントも低下しました。消費地卸売《おろしうり》市場を経由した水産物の量は、20年前の約6割の水準となっています。もともと商社や問屋が主導してきた冷凍《れいとう》・加工品については、市場外流通は高い割合で行われていましたが、近年、鮮魚《せんぎょ》においても市場外流通が少しずつ伸《の》びてきています。

その一例が、各地の出荷業者や生産者団体と独自ルートをもつ民間業者の出現があげられます。産地と消費地をつなぐネットワークを活用し、スーパーマーケットや外食チェーンなどの仕入れ部門をサポートして、市場の役割を肩代わりして、存在感を高めています。また、産地の出荷業者のなかには、水揚《みずあ》げされた魚を定期的に総合スーパーなどと直接取引しているところもあります。さらに、漁港近くの直売所では、漁協や漁業者が自分たちで値段をつけて、直接販売《はんばい》しています。ほかにもインターネットの普及《ふきゅう》で、消費者が欲しい魚を産地の業者から直接購入《こうにゅう》するケースもあるでしょう。

このような消費地卸売《おろしうり》市場を経由しない流通は、まだ特定の地域や個人に限られていて、現在の卸売《おろしうり》市場を介《かい》した流通システムに代わる有効な手段かといえば、そうはいえません。産地と消費者をつなぐ水産物流通で、産地市場と卸売《おろしうり》市場を経由する独特の仕組みは、私たち消費者の毎日の暮《く》らしになくてはならないものなのです。

おいしいもの＝体によいものを楽しく食べることはとても大切です。正しい食事は、毎日元気に勉強や仕事ができるコンディションをつくります。これまで日本人が守ってきた魚食文化は、季節ごとに旬《しゅん》の魚を味わうことで築かれてきました。新鮮《しんせん》な切りたての刺身《さしみ》や焼きたての焼き魚、家庭の味つけの煮魚を食べたいと思います。それには、消費者自身が、「手間をかけずに、おいしい魚を食べたい」という意識を少し変えてみる必要があるのではないでしょうか。たとえば、鮮魚《せんぎょ》を並《なら》べる店や魚を選ぶことから始めてみる。命をいただく感謝の気持ちを忘れず、少しでもいいので手間をかけてみる。旬《しゅん》の魚を焼いたり煮たり、季節を感じながら魚の味わいを家庭で楽しむ。できることからでいいのです。

魚市場関係者も含《ふく》めた水産の仕事にかかわる多くの人が、時代の変化を認識して、さまざまな試みや変革を進めています（１４２ページ）。日本の魚食文化をしっかり伝え、残していくためにはどうしたらよいのか、家庭でも「魚の復権」を試みていただけたらと思います。

2章

魚市場で働く人びとと役割分担

ドキュメント 1 卸売業者

世界各地のマグロが国際都市、横浜に集結する

横浜丸魚《よこはままるうお》
木村孝幸《きむらたかゆき》さん

木村さんの歩んだ道のり

神奈川《かながわ》県鎌倉《かまくら》市生まれ。水産高校に学ぶ。消防士の試験にも合格していたが、シラス漁師だった父の勧《すす》めで、横浜市中央卸売《よこはましちゅうおうおろしうり》市場にある水産物卸売《おろしうり》会社、横浜丸魚に入社する。マグロを取引する「大物課」に配属され、以来マグロ一筋の仕事人。全国の産地にまめに足を運んで情報収集を欠かさず、荷主《にぬし》、仲卸《なかおろし》からの信頼《しんらい》も厚い。

毎朝マグロと対面、下準備から

横浜市中央卸売市場の一画には、マグロ専用の低温卸《おろし》売場がある。入り口の前には小さいプールのような消毒槽《そう》があり、ここに長《なが》靴《ぐつ》を浸《ひた》して殺菌《さっきん》してから、中に入る。

常時15℃以下の、ひんやりした空間。天井が高い。清潔なアルミ製のスノコ上に生マグロが並《なら》ぶ。白い冷凍《れいとう》マグロは滑《すべ》り止め加工された専用台に置かれている。

ずらりと並《なら》ぶマグロを、各産地から仕入れ、売る。それが、木村孝幸さんの仕事だ。

木村さんは横浜市中央卸売市場に本社を置く卸売《おろしうり》業者（荷受《にうけ》）、横浜丸魚の社員。荷受《にうけ》は「大卸《おおおろし》」とも言われ、荷主《にぬし》（生産者、産地仲買人、出荷団体、輸入業者、商社など）から販売委託《はんばいいたく》を受けた水産物を、仲卸《なかおろし》業者（仲卸《なかおろし》）や売買参加者に売るのが業務だ。木村さんは、営業一部大物課に所属している。「大物課」とは「マグロ課」という意味。どこの市場でも、おおむねこう呼ばれている。

午前2時半、木村さんは市場に出社する。大物課のメンバーは3人。まず、品物と送り状を照らし合わせて正しく届いているか確認したら、マグロの尻尾《しっぽ》を薄《うす》く切って、品質を見る。それから一つひとつ重さを測って、種類、産地、重量などを記したタグをつくり、マグロを売り場に並《なら》べていく。

生のマグロを並《なら》べ終えると、つぎは冷凍《れいとう》マグロの作業にかかる。

「尻尾《しっぽ》をカッターで切って、水で溶《と》かしておくんです」

カッターといっても、学校の工作で使うようなものではない。大きな電動ノコギリだ。

切り落とした尻尾《しっぽ》は、海水に20分ほどつけて解凍《かいとう》すると、鮮《あざ》やかな紅の断面を見せる。この尻尾《しっぽ》を、マグロ本体の上に置く。これが肉質、鮮度《せんど》の見本になるのだ。

生のマグロは、日本刀のような長い包丁で、尾のつけ根あたりを皮一枚残して切り、断面を見せる。包丁さばきは的確だ。

せりの前に仲卸《なかおろし》たちがやってきて下づけ（下見）をするので、5時までにはすべて並《なら》べ終える。せりが始まるのは午前5時50分から。木村さん自身がせり人を務めることもある。

「6時過ぎに取引が終了《しゅうりょう》するので、それからオフィスで集計作業です」

何がどれだけ、いくらで売れたか、平均単価はいくらだったかをパソコンに入力し、荷《に》主《ぬし》に売れた値段を連絡《れんらく》する。

連絡《れんらく》はファクスと電話の二本立て。電話だけだと「言った、言わない」になる恐《おそ》れがある。ファクスだけではニュアンスが伝わらないし、情報交換《こうかん》ができない。

朝食を7時から8時のあいだに社員食堂でとり、9時過ぎから商社などに電話をして翌日の注文をする。昼過ぎに退社して、夜は8時前に就寝《しゅうしん》するのが習慣になっている。

コツコツと産地に足を運んで

横浜市中央卸売市場には、荷受《にうけ》が2社ある。そのうちの1社である横浜丸魚は、1947年に、市場の仲卸《なかおろし》たちの出資で設立された。川崎《かわさき》の市場にも支社がある。

営業部は、扱《あつか》う品目でさらに分かれる。大物課のほかにあるのは、鮮魚《せんぎょ》課、特種相対《あいたい》品課（ウニ、アオヤギ、カキ、ネギトロ、クジ

尻尾が解凍された状態でのっている。これが肉質・鮮度の見本になる

ラなど主にすし種にするもの)、特種課(近《きん》郊《こう》で水揚《みずあ》げするすし種《だね》や、アワビ、サザエ、活魚《かつぎょ》など)、冷凍《れいとう》課(世界各地から冷凍《れいとう》で来るタラバガニ、ズワイガニ、エビ、サバなど)、塩干合物《あいもの》課(イクラ、タラコ、鰻蒲焼《うなぎかばやき》、干物、釜揚《かまあ》げシラスなど)、加工練製品課(西京漬《さいきょうづけ》、粕漬《かすづけ》、塩辛《しおから》、かまぼこなど)。

入社以来35年、ずっと大物課でマグロ一筋の木村さん。マグロに関してはプロ中のプロだと周囲は太鼓判《たいこばん》を押《お》す。だが、本人の口から出る言葉は「ほかに呼んでくれる課がなかっただけです」と素っ気ない。

木村さんが仕事を始めた当時は、三崎《みさき》漁港(神奈川県)が元気で、大量の冷凍《れいとう》マグロが市場になだれ込《こ》んできた。時代とともに、もてはやされるマグロの産地も変わる。大手の商社が進出して、中小の業者は経営が厳しくなった。
状況《じょうきょう》がどう変化しても、日々マグロを仕入れ、売る。それは「パソコンの画面に注文数を入力すれば品物がすんなり届く」といった仕事ではない。海を泳ぐ天然マグロをとるのは狩りと同じ。手に入るかどうかは不確実なのだ。

せりでの木村さん

扱《あつか》うのは高級な本マグロをはじめ、南半球のミナミマグロ、スーパーマーケットによくあるメバチ、キハダ、缶詰《かんづめ》でおなじみのビンナガと多岐《たき》にわたる。近海マグロには旬《しゅん》があり、時期によって、どの産地のマグロがいいかは違《ちが》う。漁法もさまざまだし、とった後の処理のうまさも品質に大きくかかわる。さまざまな要素を検討しつつ、木村さんは各地と交渉《こうしょう》する。

せりに出すほかに、相対《あいたい》取引もある。仲《なか》卸《おろし》などからあらかじめ注文を受けて、個別に販売《はんばい》することだ。その量が今は多く、買い手の希望に沿うものを確保しなければならない。

生産者のことを考えてみよう。遠洋漁業の場合、船を出せば1年以上戻《もど》れないのもふつうで、とったマグロは船で冷凍《れいとう》する。近海の延縄《はえなわ》漁は、150キロメートルにも及《およ》ぶ幹縄《みきなわ》にえさをつけた枝縄《えだなわ》を2000本以上下げて海に投げるという、恐《おそ》ろしく手間のかかる作業だ。お金をかけて準備し、大変な労働をしても、不漁の時はなすすべがない。これだけリスクの高い仕事ならば、とったマグロはいい値段でしっかり売ってくれるところに優先して回したいと考えるのは当然だろう。

だから、シーズンオフの産地を訪ねることも、木村さんの大事な仕事だ。

青森《あおもり》、静岡《しずおか》、和歌山《わかやま》、鳥取《とっとり》、長崎《ながさき》……荷主《にぬし》たちとじっくり話をし、情報交換《こうかん》をする。実際に会って同じ時間を過ごすことで、「あいつのところにはいいものを送ってやろう」と一目置かれる関係をつくる。

古めかしい、一見非合理的な仕事のスタイル。だが、魚を知る者たちの独特な信頼《しんらい》関係が、水産物流通を支えてきた。そしてそれは食の安全につながっている。顔の見える目利きのところには、変なものは出せないからだ。たとえば「インターネットで産地直送」と聞けば、中間業者が入らないから安くて新鮮《しんせん》、という気がするが、裏を返せば、チェックが働かないという落とし穴にもなりうるだろう。

毎日が勝負、スリルの連続

マグロの仕入れ先は国内に限らない。横浜丸魚では世界各地からマグロを輸入している。マグロ漁獲《ぎょかく》量は、かつては日本がずっと世界一だったが、2015年の1位はインドネシアだった。アジア、南米、ヨーロッパの国々がさかんにマグロをとるようになっている。

一方、健康志向や和食の広がりで、海外でのマグロ需要《じゅよう》が高まった。もはや、日本が思いのままにマグロを買える状況《じょうきょう》ではない。だから木村さんは海外出張にもよく行く。

「地中海にも行きました。韓国《かんこく》の釜山《プサン》には車で行きますね。フェリーにそのまま乗れるから」

日本船よりずっと数の多い台湾《たいわん》船は、ドル決済だ。世界の政治情勢や為替《かわせ》の動きが即《そく》マグロの値段に反映する。

気候変動も大きな気がかりだ。マグロの動きが以前と変わっている。

「今漁に出ている船が『全然かからない、こんなことはなかった』と連絡《れんらく》してきた」と木村さんは眉根《まゆね》を寄せる。高級な本マグロ、ミナミマグロは資源減が問題となって漁獲《ぎょかく》高が

規制されたが、最近はスーパーで特売になるメバチ、キハダが不漁だという。

さまざまなことに気を配る仕事だが、この仕事にはどういう人が向いているかという問いに対して、木村さんは腕《うで》を組んでしばらく考え、こう答えた。

「あまり真面目《まじめ》じゃない人がいいね」

真面目《まじめ》じゃない、とは？

「この仕事は、だめな時はだめ。考えてもしようがない。だめな時はじっとしています」

扱《あつか》う品は単価が高いが入手が不確実で、その時々の状況《じょうきょう》で値段が変動する。大きく利益を上げることもあれば、失敗もある。荷主《にぬし》は高く売りたいし、買い手は安く手に入れたい。いつも板挟《いたばさ》みだ。

ここぞ、という時に勝負に出ることも必要だし、自分の判断が原因で、荷主《にぬし》やお客に損

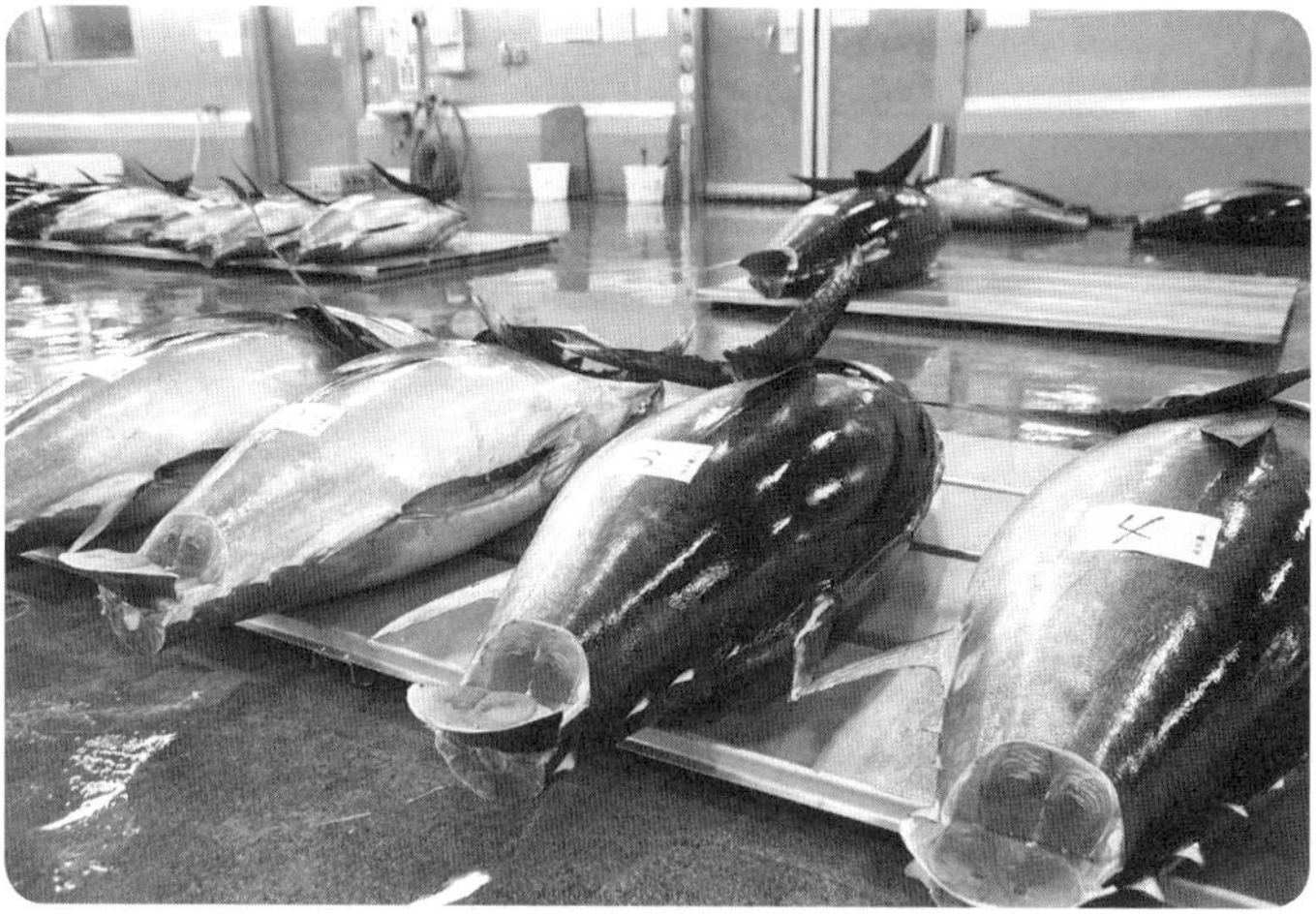
この断面を見て、仲卸業者は下づけをする

をさせてしまうこともある。毎日勝ち負けがあきらかになり、スリルの連続なのだ。

つまり、木村さんの言う「あまり真面目《まじめ》じゃない人」とは、くよくよ引きずらない、度胸のすわった人ということらしい。

毎日が勝負なだけに、緊張《きんちょう》感もあれば、うまくいった時の達成感も大きいだろう。それが、長年この道を続けてきた原動力なのだろうか。

「……いや、はっきり言って、惰性《だせい》だね」

なるほど。木村さんは、自分を熱く語ることはしない、あくまで昔気質《むかしかたぎ》の仕事人なのだ。それでもせっかくのインタビューなのだから、かっこいい話を披瀝《ひれき》すればいいのに。

「ないない」

手を横に振《ふ》って、木村さんは笑った。

卸売業者（荷受）の仕事
——毎日の「食」を豊かにするスペシャリスト

まずは、あいさつと元気

卸売《おろしうり》業者（荷受《にうけ》）の基本的な業務は、出荷者から送られた水産物販売《はんばい》を請《う》け負い、せりや入札で仲卸《なかおろし》業者らに販売《はんばい》することです。

しかし近年は、輸入品や規格品を中心に、あらかじめ注文を受けて買いつける、相対《あいたい》取引の割合が増えました。マグロの場合、スーパーマーケットなどには、誰《だれ》が担当者になっても同じような品を安定供給することが優先され、冷凍《れいとう》の定番品を納入するのが中心です。

市場で営業する卸売《おろしうり》業者は、農林水産《のうりんすいさん》省の許可を得ています。横浜市中央卸売市場における水産物の委託販売《いたくはんばい》手数料は５・５パーセントです（２０１７年現在）。

卸売業者に就職するのはやはり魚に関心がある人が多いので、ドキュメント１で紹介《しょうかい》し

た木村さんのように水産高校や、水産大学を出た人は何人もいます。横浜丸魚では、大卒採用の時に学部の指定はありません。最近は、さまざまな学部から人が集まっています。

水産系学校卒のメリットは、学んだ内容そのもののほかに、「水産業界に同窓生が多い」という人脈が大きいかもしれません。高校を卒業して入社する人は、身内に水産関係の人がいるなど、この仕事が身近だった人が多いようです。

最初のうちは、専門知識や資格は必要ありません。水産物や業務については、現場で学んでいけます。しかし、資質は大きく問われます。

「あいさつがきちんとできて、元気のいい人であることが第一の条件」と話すのは、木村さんが所属する横浜丸魚の総務担当で、採用にも当たる大和周治《やまとしゅうじ》さんです。

人間関係をつくることが、集荷の基礎《きそ》になりますから、さまざまな人と気持ちよくつきあえる力が必要です。とはいっても、おせじやお愛想はいりません。むしろ、言葉は荒っぽいのが市場の伝統でした（今は昔《むかし》ほどではありませんが）。

「人から叱《しか》られることに慣れていない人は、最初はとまどってしまうかもしれません。仕事を始めると、先輩《せんぱい》、出荷者、仲卸《なかおろし》と、あちこちから叱《しか》られるのがあたりまえです。その時に、自分の人格を否定されたかのようにとらえて落ち込《こ》んでしまっては、やっていけません」と大和さん。

市場では誰《だれ》もが厳しい言葉で育てられてきました。明るく元気に謝って、そのつど学んでいきましょう。そのうちに、口は悪いけれど実は親切で、さばさばした気質の人が多いことがわかってきます。

市場は風通しのいい職場です。おそらく、ねちねちした嫌味《いやみ》が苦手な人は気持ちよく仕事ができるでしょう。

横浜丸魚で総務担当の大和さん

体育会系に向いている

第二の条件は「食べ物で感動できる人」。

食文化に関心があって、「この味を人に伝えたい」という気持ちがあれば、仕事にやりがいが生まれます。扱《あつか》う商品に興味がもてず、ただ来たものを流すだけという意識では、長続きは難しいでしょう。

昼食用に500円玉を持っていたら、コンビニエンスストアの弁当を買うのではなく、ご飯を炊《た》いて、いい魚を焼く、という人が荷受《にうけ》の社員には多いそうです。自分のお金で買って、料理して、食べて、「こうしたらおいしいよ」と話をする――自分の食生活を大事にすることも、仕事を豊かにします。

「若い社員には、三世代同居で、おばあちゃんの味に親しんで育った、という人が結構いますね。ちゃんとしたものを食べてきた人は、食に関心が高いのかもしれません」と大和さんが教えてくれました。プロの目利きが大勢いて、ほんものの食材が集まる卸売《おろしうり》市場という場所は、食について学ぶにはうってつけです。

また、横浜丸魚では、運動部経験者を積極的に採用しています。

主な理由は、心身ともに鍛《きた》えられて丈夫《じょうぶ》であることと、勝負の世界を知っていること。

相場は毎日変わり、取引する品は、生産がコントロールできない海の生き物です。神経の細い人には怖《こわ》いことですが、プレッシャーで奮起《ふんき》できる人には、刺激的《しげきてき》でおもしろい毎日となるでしょう。試合での駆《か》け引き、チャンスをつかむ瞬時《しゅんじ》の判断力、自分の番が来たら役割をしっかり果たすといったことも、この世界に通じるものがありそうです。

もちろん、三世代同居や運動部でなくても活躍《かつやく》している人はたくさんいますが（木村さんは帰宅部でした）、求められる性格は、なんとなくイメージできるのではないでしょうか。

働き方は変わってきた

木村さんの仕事が始まるのは午前2時半と

市場の上の階にある、横浜丸魚のオフィス風景

いう特殊《とくしゅ》な生活サイクル。慣れるまでは大変ですが、そのぶん早出には手当がつきます。

かつて魚市場には、「どんなに早く来ても、定時以後も残って根性で長時間仕事をする」という風潮が根強くありました。しかし最近はそれを改めて、休む時はきちんと休み、めりはりをつけて働こうという「働き方改革」が進んでいます。趣味《しゅみ》や家族との時間を充実《じゅうじつ》させて、心身のバランスがとれた状態で仕事に取り組もう、というのが、現在の方針です。それでも残業はありますが、手当はもちろん支払われます。

「いい波が来たら午後はサーフィンをしたいから、昼で終わる職場がいい」と、この仕事を志した海好きの仲間たちもいるそうです。

横浜丸魚で働く女性は全体の15パーセントくらいで、総務や企画《きかく》の仕事が中心です。他地域の市場では女性のせり人がいるところもありますが、今のところ横浜にはいません。

2015年、横浜市中央卸売市場の中に、「こまつな保育園」ができました。子育て世代が安心して働けるようにと、市場内の会社が共同出資してつくった、全国でもめずらしい市場内保育園です。給食の食材は、もちろん市場の新鮮《しんせん》なもの。遊戯《ゆうぎ》室は、もと体育館だったところを利用しています。

「きつい、厳しい、男社会」というイメージが強かった市場ですが、いい伝統は守りながらも、若い世代が働きやすい職場環境《かんきょう》を整えようと、さまざまな試みが動き出しています。

ドキュメント 2 仲卸業者

プロ中のプロをめざし魚のことを深く知る

ムラマツ
村松《むらまつ》 享《すすむ》さん

村松さんの歩んだ道のり

小学5年生の夏休みから、横浜市中央卸売市場本場《ほんじょう》にある父親の勤め先の仲卸《なかおろし》店で手伝いを始める。19歳《さい》の時、同じ横浜の南部《なんぶ》市場の叔父《おじ》の店で仲卸《なかおろし》会社の社員に採用される。30歳《さい》の時、仲卸《なかおろし》業を南部市場で開業。現在は仕事のかたわら、食育や魚食普及《ふきゅう》のための講演や出前授業を行い、また東日本大震災被災地《ひがしにほんだいしんさいひさいち》の水産業復興のための支援《しえん》活動にも参加している。

すべてにプロの目が行き届く

仲卸《なかおろし》業者「ムラマツ」の社長・村松亨さんは、この道40年のベテラン仲卸《なかおろし》である。しかし、ここ横浜市中央卸売市場本場では、「新参者ですから」と照れ笑いを見せる。横浜には、中央卸売市場南部市場という30年余りの歴史をもち、市民に親しまれた魚市場があったが、2015年4月に本場と統合された。仲卸《なかおろし》5業者が南部市場から本場に移転した。ムラマツも移転した仲卸《なかおろし》のひとつである。

中央卸売市場を通しての魚介《ぎょかい》の売買は、最初から最後までプロの目配りが行き届き、世界に類をみない仕組みだと村松さんは話す。

「漁師というプロが食べられる魚をとってきます。水揚《みずあ》げされた産地で刺身《さしみ》にできるものか、干物用か、加工用かなどに選別される。出荷者が産地にはいて、そこでプロの目が入って、中央卸売《おろしうり》市場に出荷してくるわけです。市場には卸売《おろしうり》業者（荷受《にうけ》）がいて、再びプロが品質を吟味《ぎんみ》しながら、取引やせりにかける。さらに仲卸《なかおろし》というプロの目利きを使って、魚を評価し、値段をつけて買ってきます。仕入れた魚介《ぎょかい》を百貨店、スーパーマーケットなどの取引先や、料理屋、寿司屋、中華《ちゅうか》、洋食の飲食店全般《ぜんぱん》に、ランクづけした品物を仕分けして配送するのも仲卸《なかおろし》の仕事になります」

午前3時、ムラマツの魚介《ぎょかい》の仕入れ担当は、小林大二《こばやしだいじ》さんだ。村松さんが教えてきたのは、せり場では実際の魚に触《さわ》って確かめること。持った瞬間《しゅんかん》に感触《かんしょく》で、魚の肉質を判断する。たとえば鮮魚《せんぎょ》の場合、凍《こお》ってしまうと身がかたくなり、品質も落ちる。一度も凍《こお》ってない魚は弾力《だんりょく》が残るから、触《さわ》った時に「ふわっ」とした反発力がある。だから魚は触《さわ》らないとわからない。小林さんは当たりをつけた魚をじっと見つめた後に、指で感触《かんしょく》を確かめていた。

あと、相対《あいたい》取引やせりのさいの予定価格も頭に入れておかなければならない。

「魚の値段をつけるというのは、これをいくらで買って、いくらで売ろうかというのを計算すること。でも、それだけではありません。値段よりも魚そのものの価値をみて、値段はその後という場合もあります。上物の高級魚や旬《しゅん》のすし種《だね》などは、高くても仕入れます。魚の価値を正当に評価して、その価値をわかってもらえるお客さんに販売《はんばい》するためです。お得意さんから『これ、いくら』って聞かれることはありません」と村松さん。

その仕事、仲卸《なかおろし》に任せなさい

仲卸《なかおろし》は、漁師と同じように「風を読み、海を知ることが大切」と村松さんは話す。

風や気圧配置を読んで、海の状態を予測する能力も求められる。地魚を欲しがる得意先に、悪天候を理由に入荷できなかったではすまされない。東京湾《わん》内なら海が荒れても漁に出られるところはある。そんな時、神奈川や千葉《ちば》の荷主《にぬし》や出荷業者に連絡《れんらく》して、必要な魚種と量を確保するための事前の対応を急ぐ。

また、仲卸《なかおろし》は同じ魚種でも、何十種類もある魚の入った箱から、お客の求めにいちばんふさわしい魚を選ぶ。魚は産地により、身質、サイズ、価格などまちまちなので、そのへんの選択眼《せんたくがん》も仲卸《なかおろし》の腕《うで》の見せどころだ。

「アジはとれる場所によって見た目も味も違《ちが》

店舗併設の加工場で魚の下処理を行う

います。エビばっかりたべているアジは、水分が少なくてかたい。これは刺身《さしみ》にするとうまいので、寿司屋が好みます。シラスばっかり食べているアジは、身はやわらかいけど水っぽい。これはアジフライにするとふっくらおいしいので和食屋さんが好んで使います。ほかにもアジの種類は多いです。産地のえさによって身質がまったく違《ちが》うので、魚の料理も自ずと変わってきます」

仲卸《なかおろし》の多くが店舗《てんぽ》に加工場を併設《へいせつ》している。そこで得意先の要望に合わせた魚の加工を行っている。担当は高橋敏夫《たかはしとしお》さん。

「彼《かれ》は包丁を握《にぎ》らせたら神業だよ。速いだけじゃなく、マネのできないていねいさも兼《か》ね備えている。ヒラメでも1分かからないで三枚におろしてしまうよ」と村松さんは誇《ほこ》らしげに語る。

下処理で手間なのはウロコ取り。個人の店で厨房《ちゅうぼう》が狭《せま》いとウロコが飛び散って後始末が大変。エラとワタ（内臓）を取り除くのも、ムラマツのお客へのサービスになっている。

村松さんの姿はせり場にはない。5時過ぎ、相対《あいたい》やせりで仕入れた魚介《ぎょかい》が店舗《てんぽ》の裏に集まり出すと、村松さんの出番となる。仕入れた魚介《ぎょかい》の品を見定めて、お客に届ける箱を一つひとつつくっていくのだ。仕事の進捗状《しんちょくじょう》況《きょう》に合わせて、包丁を握《にぎ》り、魚の加工を手伝うこともある。また、来店する顔なじみの客の相手をしたり電話注文に応じたり、村松さんの朝はなにかと忙《いそが》しい。

産地の目利きと料理人を育てる

これまで、ムラマツで働いてきた若い衆《し》が目利きの腕《うで》をみがいて、一人前となり故郷に戻《もど》り、産地の荷主《にぬし》や出荷業者の立場でムラマツと取引を行っている。産地から直接仕入れる独自ルートを複数もっていることはムラマ

市場開放日には、魚の食べ方や注意点について話す機会もある

ツの強みでもある。目利きのできる人間が産地にいてはじめて、確かな品質の魚介《ぎょかい》を出荷できる。

「梅雨《つゆ》時にハモや冬のクエなどの高級魚を入荷できるのは、淡路島《あわじしま》や島根《しまね》から直接送ってもらっているからなんです。産地の出荷業者には、魚の扱《あつか》い方をアドバイスした縁《えん》もあり、融通《ゆうずう》してもらっています。この魚を待ち望んでいるお客さんもいますからね」

　魚の食べ方や料理法など一般《いっぱん》の人にも機会があるごとに村松さんは話をしている。また、ホテルやレストランの若い料理人の卵たちの前で熱弁をふるうこともある。

「カルパッチョ（鮮魚《せんぎょ》を生のまま薄切《うすぎ》りにしてオリーブオイルやスパイスと和えた料理）を例にしましょう。魚を知っている料理人なら切るさいに厚みを工夫します。新鮮《しんせん》な魚のうまさを歯ごたえで感じるのもいいでしょう。ただ、熟成させることでうまみが増すのは事実。仕入れて2日目の魚を2ミリ厚く切ることで味わいは大きく変わります。切り身が厚くなればよくかむので、素材のうまみも口に広がります。これが素材の生かし方なんです」

　鮮度《せんど》＝すべての価値ではない。鮮度《せんど》がいいというだけで、おいしいものと脳が勝手に決めつけてしまう。でも「そうじゃないんだよ」ということを指導している。

　魚のことにも料理にも精通して、はじめて仲卸《なかおろし》のプロと言えよう。

「なぜ」という疑問をもつことが魚を深く知るうえでの基本となる。村松さんはこれまで数えきれない疑問を自分に課し、答えを探してきた。「魚をしめる時に、あばれさせてはいけないのはなぜ?」。調べてみると、激《はげ》しい動きをすることで魚肉に含《ふく》まれるうまみ物質のイノシン酸が減少するためだとわかる。

それがわかれば、産地へ行って取引先に魚の扱《あつか》い方を説明する時、科学的根拠《こんきょ》もいっしょに伝えてあげる。魚のプロとしての自覚をうながし、品質向上につなげる。村松さんは産地との連携《れんけい》のもと、時間をかけて魚のブランド化に貢献《こうけん》してきた。そして困った時にはおたがい助け合う気風も生まれている。

横浜っ子の愛する魚たち

横浜は海がそばにあるから、アジでもイワシでも青魚を好んで食べる。高級魚よりも鮮《せん》度《ど》のいい身近な魚を好む傾向《けいこう》がある。横浜はそういう土地柄《がら》でもある。

「カマスやアジの開きも浜っ子は好んでよく食べたもんです。かつてはイワシもよそからもってくることなどなかったね。漁獲量《ぎょかく》が少なくなったとはいえ、追っかけのせりで知られる平塚《ひらつか》をはじめ、神奈川各地の漁港からも入荷している。地元でも小柴《こしば》や本牧《ほんもく》、金沢《かなざわ》の漁港で漁師はがんばっているから。魚の食文化を横浜で守っていかないといけない」

取材時に釣《つ》り宿の若主人がえさとなるクルマエビを買いにきていたので話をうかがった。クルマエビは生きていないと魚のえさとしての価値はゼロになるそうだ。

「ワンシーズンで大量のクルマエビを仕入れなければならない。しかも針をつけても泳いでいる強いエビじゃないとダメ。いちばんやりたくない仕事だよ」と苦笑いする村松さん。

それで何を釣《つ》るのかというと、マゴチという魚。夏の魚で砂地に生息する高級魚。横浜の海で釣《つ》れるが、生きたマゴチは扱《あつか》い方しだいで、いろいろな料理が楽しめる。マゴチの刺身《さしみ》をあきるほど食べてきた人が、処理の仕方をちょっと変えてみたら、「こんなにうまいマゴチを食べたことは今までなかった」と

魚への愛があふれる村松さん

驚《おどろ》いたことがあった。ここでも、村松流さばき方が実践《じっせん》されていたのである。

「おいしく食べられるのなら、その方法を広めたほうがいいよね。それと一人でも魚好きが多くなれば、『魚離《さかなばな》れ』にも歯止めがかけられるし。地道な活動だけどさ」

仲卸《なかおろし》は、買うのも売るのもすべてプロが相手。仲卸《なかおろし》はプロ中のプロにならなければならないとは村松さんの持論である。家庭の食卓《しょくたく》の魚料理も、料理人の一皿も、素材のよさを生かせた時に、魚の本当のうまさと味の余韻《よいん》を楽しめる。魚への愛情を一心にそそぐ村松さんは、今日も横浜のホームグラウンド「ムラマツ」の店に立つ。

仲卸の仕事——魚にも料理にも精通したプロ中のプロ

仲卸《なかおろし》業者が変われば魚市場も変わる

横浜市中央卸売市場本場の仲卸《なかおろし》業者は2017年現在、64業者あります。一歩足を踏《ふ》み入れると、整然と区画割りされた場所に店舗《てんぽ》が並《なら》んでいます。マグロ（大物）を扱《あつか》う店、鮮魚《せんぎょ》中心の店、塩干や加工物を扱《あつか》う店と、各店が決められた商材を並《なら》べていますが、なかにはマグロと鮮魚《せんぎょ》といった複数の商材を扱《あつか》う「複合店」も存在します。

店主はこの本場で仲卸《なかおろし》業を続けてきている二代目、三代目が中心です。また、仲卸《なかおろし》の世界でも経営者の高齢《こうれい》化にともなう後継者《こうけいしゃ》不足や、市場規模の縮小にともなう経営の悪化など、仲卸《なかおろし》業を取り巻く環境《かんきょう》は厳しさを増しています。そんな中で、市場関係者が率先して経営の効率化や産地との協力関係強化、市場の価値向上などの対策を掲《かか》げ、市場ににぎわいと活気を取り戻《もど》そうと知恵《ちえ》をしぼっています。

ここ横浜でも仲卸《なかおろし》業者の数は減少傾向《けいこう》ですが、もっとオープンで市民に愛される市場をめざして、さまざまなプロジェクトをたちあげて、仲卸《なかおろし》業者みずからも事業の活性化や意識改革を図っています。

仲卸《なかおろし》の世界は、多彩《たさい》で奥《おく》が深い

ドキュメント2でみてきたように、仲卸《なかおろし》業者には、いろいろな仕事があります。目利きとして魚介《ぎょかい》を仕入れ、店頭で買出人《かいだしにん》に販売《はんばい》する人、その間も得意先からの電話注文に応じています。魚を取引先の要望に応じて加工する人、買いつけた品を店舗《てんぽ》まで運び、分荷《ぶんか》して、配送する人。パソコンに向かって伝票

仲卸は早朝から大忙しだ。マグロ専門店での朝のひとこま

を整理する人……。早朝、これらの仕事の忙《いそが》しさはピークを迎《むか》えます。興味本位だけでは、続けることはできないのは仲卸《なかおろし》の仕事も同じです。「大好きな魚のことをもっと深く知りたい！」「水産関係の仕事で自分の専門的な技術を向上させたい」との強い信念が欠かせないのです。

「若い衆《し》がいいものと思って買ってきたものを『返してこい』と言ったこともあります。返せないこともわかっていて言っています。でも、目利きの腕《うで》も上がって、なぜその魚を選んできたのか、その理由を説明できるようになったところで、何も言わずに後は任せるようにしています」

人を育てることの責任の重さと信頼《しんらい》の深さが伝わる、ドキュメント2で登場した村松さんの言葉です。

将来のビジョンをしっかりもつ

一般的《いっぱんてき》に市場内に仲卸店舗《なかおろしてんぽ》を構えるには、中央卸売《おろしうり》市場の開設者である都道府県や市の許可が必要で、仲卸《なかおろし》組合の取り決めもあり、開業は容易《ようい》ではありません。現状では、仲卸《なかおろし》店で実績を積んで、お客さんや同業者から厚い信任を得られた時に、はじめて将来の選択肢《せんたくし》が見えてくるものです。市場内の仲卸《なかおろし》業者から営業権を引き継《つ》ぐことも、この先、新規参入の受け入れ態勢が整えば、独立も夢《ゆめ》でなくなります。もちろん、「食品衛生責任者」の資格や「魚介《ぎょかい》類販売《はんばい》業の営業許可証」も必要です。たとえ開業が不可能でも、市場以外で水産会社、ホテル、スーパーマーケット、飲食店など、仲卸《なかおろし》の仕事でみがいた目利きのわざや加工技術を生かせる職場はたくさんあります。

教科書のない仲卸《なかおろし》の世界で、試されるのは人間としての「器量《きりょう》」（才能と徳）です。魚《ぎょ》介《かい》にどんな価値をつけて、お客さんや消費者のもとへ届けられるか、日々学ぶ姿勢をプロとして究めていくことが大切です。そして「徳」とは、自分たちだけ儲《もう》かればいいという話でなく、荷主《にぬし》から取引先のお客さんまで含《ふく》めて卸売《おろしうり》市場にかかわる人が、市場を利用するメリットを感じ、それぞれが安定した収入を得られるようにみずからが考えて実践《じっせん》することです。それこそ、村松さんがいう「プロ中のプロ」へ通じる道なのかもしれません。

日本人の魚好きがもっと増えるように、家庭の食卓《しょくたく》に魚料理があたりまえにのぼるように、仲卸《なかおろし》がやるべき仕事はまだまだ多くありそうです。

ドキュメント 3 売買参加者

地元に根をはる店づくりをめざしたい

オリエンタル物産《ぶっさん》

須《す》藤《どう》信《のぶ》敏《とし》さん

須藤さんの歩んだ道のり

23歳《さい》の時、神奈川県横浜駅近くのすし店に通ううちに店長から「うちで働いてみないか」と誘《さそ》われてすし業界に入る。せりや相対《あいたい》取引に参加できる買参《ばいさん》権を得て、仕入れにますます力を入れ始める。毎年、地方の漁港や産地を訪ねることも欠かさない。現在、10店舗《てんぽ》の仕入れを担当、店舗《てんぽ》との情報交換《こうかん》を大切にする。オリエンタル物産寿《す》司《し》事業部の営業常務。

午前2時半着、真剣勝負《しんけんしょうぶ》の始まり

須藤信敏さんは、売買参加者として毎日魚市場を訪れる。売買参加者とは仲卸《なかおろし》業者と同じようにせりや相対《あいたい》取引で魚介《ぎょかい》を買いつけることができる人で、市場の仲卸《なかおろし》業者からも仕入れることができる。多くはスーパーマーケットや居酒屋チェーン、飲食業などに従事し、現在、横浜市中央卸売市場には29社の売買参加者がいる。いわゆるバイヤー（仕入れ担当）だ。

須藤さんは売買参加者の一人で、オリエンタル物産寿司《すし》事業部の仕入れ担当として活躍《かつやく》している。仕入れは、横浜の「みなと寿司《ずし》」と東京・神奈川に展開する「魚浜《うおはま》」ほか計10店舗《てんぽ》分の買いつけを行っている。

横浜市中央卸売市場に姿を現すのは毎夜2時半。買いつけが終わると、店舗《てんぽ》ごとの仕分けが始まる。市場に到着《とうちゃく》してから引き上げるまでの須藤さんの一日を追ってみた。

須藤さんの最初の仕事は、午前2時過ぎ、各店舗《てんぽ》から送られてきた注文票をもとに、その日、仕入れる魚種と魚の量を記録したメモを準備すること。

「私が市場に来て、まず向かうのは仲卸店舗《なかおろしてんぽ》の事務室です。夜中の1～2時にかけて、各店舗《てんぽ》からファクスで送られてくる注文票を見るためです。コメント欄《らん》には、『お客さまにカツオの刺身《さしみ》を喜んでいただきました』といった店員の声や、『イワシが少しやわらかかったです』と魚を開いた時の身の状態など板前の声も寄せられます。そんな声をヒントにその日の仕入れのイメージをつくります」

それが終わったら、行動開始。市場には全

仲卸の太田さんと仕入れのすり合わせを行う

国各地から運ばれてきた鮮魚《せんぎょ》が発泡箱《はっぽう》（発泡《はっぽう》スチロールのケース）に入った状態で積まれている。気になるものは箱を開けて、軽く魚に指でふれ、魚の状態を確認する。その作業をくり返し行う。

「私たちの世界ではすべての魚に対して、よしあしを判断する『下づけ』という作業を行います。それを2時半過ぎから始めます。相対《あいたい》が午前3時に開始されるので、市場内をくまなく見て歩き、よいものにはめぼしをつけていきます。海がどういう状況《じょうきょう》で産地がどのくらい出荷しているのかなど、毎日市場に足を運ぶことでわかることがたくさんあります。魚の状態を見ずにファクスなどで仕入れるところも多いですが、私は市場で全力投球です」

同じ魚種でも産地が異なるものが複数あるし、4時ごろと遅《おそ》くになって並《なら》べられる箱もある。見落としがないように品定めをしていくのだ。これぞという魚に行きつくためには、選択肢《せんたくし》は多ければ多いほうがいいと話す。

「イワシも季節だったら、量や値段が同じ条件の箱がいくつもあるわけでしょ。でも魚は同じように見えて、一つとして同じものはありません。わかる人にはわかります。目利きとしてその深い部分に入っていけたらと思っています」

仕入れに専念し、集中力をアップ

須藤さんが仕入れ担当として本腰《ほんごし》を入れるようになって4年になる。その前は、すし店での現場業務もあったので、仕入れにさける時間は限られたものだった。それが2年ほど前に売買参加者として認められてからは、仕入れに専念できるようになった。

そもそも、須藤さんと魚市場との出合いは、勤め出して間もない20代のころ、みなと寿司の親方（店長）に「魚市場に行ったことあるか？」と聞かれたことに始まる。横浜市中央卸売市場は、幼いころに訪れたこともあるなつかしい場所。生家は魚屋さんだった。「だったら見に行こう」ということになり、昔《むかし》、父親に連れてこられた市場を、今度は親方の後ろにくっついて歩いた。そして、魚のことや市場の仕組みを必死になって覚えた。

「店は夕方5時から早朝4時までの営業でした。店が終わるとちょうどいい時間に市場に来られて、仲卸《なかおろし》さんとも少しずつ会話を交わすようになりました。朝飯を市場で食べるようになり、気がついてみれば、仲卸店舗《なかおろしてんぽ》で鮮魚《せんぎょ》を買いつけるようになっていました」

これまでは欲しいものがあれば、仲卸《なかおろし》に「これが欲しいので高くても買ってください」、とお願いすることもあった。売買参加者になってからは、相対《あいたい》やせりに参加できるようになり、仕入れの幅《はば》も広がった。選ぶ基準は、須藤さんの場合、どこでどのように買うかより、品質を優先する。よい品を仲卸《なかおろし》が仕入れていれば、そこで買うし、仲卸《なかおろし》になければ、須藤さん自身が目利きを生かして、魚種と必要な量を仕入れなければならない。

下づけには「ものさし」感覚が必要

その日、須藤さんが仕入れた魚種は、アジ、マアジ、マサバ、スズキ、クロダイ、ヤリイカ、スミイカ、マイワシ、シコイワシ、ヒラメ、イシダイ、ホウボウ、ホンカワハギ、ウマヅラハギ、タチウオ、ブリやワラサなど。追っかけのせりで落とした平塚の魚もあった。毎回平均して50～60種類の食材を集めている。

「相対《あいたい》でもせりでも、見て気に入れば値段をつけて買う。値段を安く見積もれば、ほかの人が買っていってしまう。そこに駆《か》け引きが生まれます。機械的でないところがおもしろい。コンピュータが値段を決められるなら、私なんか必要なくなるわけですよ。目に見えない『ものさし』の感覚は人間だけのものです。それを最大限活用するところに、この仕事の醍醐味《だいごみ》があります」

須藤さんはすべてのせりに参加している。せりの時間は10分前後と短いので、せりとせりのあいだは仲卸店舗《なかおろしてんぽ》を中心にまだ手に入れていない魚を探して見て回ることが多い。

「売買参加者の場合、相対《あいたい》で無理して交渉《こうしょう》して買わなくても、仲卸《なかおろし》さんを通して買ったほうが安くなることもあります。また、欲しい魚種でもいいものがなければ、欠品にすることもできます。『きょうは気に入ったハモがありませんでした』と。注文通りにそろえれ

せりとせりのあいだには、仲卸店舗を見て回る

ばいいというものでもありません」

一日の仕入れ金額は、１００万～２００万円と時期によっても変動する。その中で相対《あいたい》や仲卸《なかおろし》との交渉《こうしょう》で言われたままの値段で買っていたら、一日10万円単位のコストが余計にかかることにもなりかねない。どんなに欲しい魚でも下づけとのへだたりが大きければ手を出さず、つぎの交渉《こうしょう》に移る。

「仕入れに関しては、よくできた日は気持ちよく終われますが、失敗したなと思う日は反省しきりです。この世界に正解はありません。せりは一発勝負の連続、毎日が勉強です」

午前中をかけて、その日仕入れた鮮魚《せんぎょ》やマグロ、貝類などを店舗《てんぽ》ごとに仕分けていく。できたところから、順次配送業者に渡《わた》し、午後1時ごろまでには10店舗《てんぽ》すべてに届け終える。

仕入れた魚をさばいて状態を確認する

魚の奥《おく》深《ぶか》い魅力《みりょく》を広く伝えたい

魚は旬《しゅん》のものがよいが、それだけではない。

「アンコウといえば、冬のアンコウ鍋《なべ》。産地は常磐沖《じょうばんおき》です。ところが、春のアンコウもあって、産卵の時期が近づくと浅瀬に集まってきて、相模湾《さがみわん》の定置網《ていちあみ》に5～6月まで入ります。値段はみんなが買わないから安いでしょう。でも、これがまたうまい！ きょうも3本買いました。生きているものだったら、キモといっしょに刺身《さしみ》で食べてもいい。これまでと違《ちが》ったアプローチで品定めして買いつける。それもまた楽しいです」

須藤さんは、鮮魚《せんぎょ》関連はすべてみずから買いつけているが、ウニや貝類、大物のマグロは仲卸《なかおろし》の「八丁徳《はっちょうとく》」から仕入れている。長年のつきあいの中で須藤さんと仲卸《なかおろし》店主・太田慎二《おおたしんじ》さんの「納得のいく品選び」と「値段はそのつぎ」というポリシーが共有されているのだ。

「今、目利きとしての経験を積みながら、市場内での信頼《しんらい》関係を築いていっていますね。働く姿勢は、須藤さんの仕込《しこ》む酢《す》じめ・塩じめによく表れています。仕事はていねいで、料理はきれい。しかもおいしさも確かです」

　との言葉は、須藤さんの仕事ぶりを間近に見ている太田さんの期待のあかしである。須藤さんは9時に遅《おそ》い朝食をとった後、仕分け作業に専念する。そのさいに仕入れた魚を無《む》作為《さくい》に選び、何種類かをみずからさばいて魚の状態を確認し、味見をする。

「見て触《さわ》ってわかる部分もあるのですが、実際どうなのか。目利きとして過信はないか、みずから検証しています。また、コハダやサバなど塩や酢《す》でしめたものをサンプルとして店に届けています。それは魚の脂《あぶら》の状態に合わせて塩の加減を変えるなど、店の板前にその日の魚を生かす最良の味をわかってもらうためです」

　仕入れた食材をどのように提供したら、お客に満足してもらえるか。須藤さんは常にそのことを考えている。

「近年の地魚ブームで、『朝どれ』とか、『イチオシ魚料理』をつくれば観光客は集まりますが、熱がさめてしまえばそれまでです。それよりも魚の魅力《みりょく》や魚料理の豊富さ、魚本来の味を寿司屋で提供し、和食の奥深《おくぶか》さの原点に戻《もど》ることが大事なのです。お客さまが満足し、喜んでいただける店をめざさないといけません。それができれば、単なるブームで終わらせずに、地元に根をはることができます」

　須藤さんが一日の仕事を終えて、市場を後にしたのは午後3時近くだった。

売買参加者（仕入れ担当）の世界・なるにはコース

仕入れ（バイヤー）の仕事——専門性が高い、プロフェッショナル集団

「バイヤー」とも呼ばれる仕入れ担当

すし店のカウンター席に座ってゆっくり食べたいという人、家族みんなで回転寿司《かいてんずし》を楽しみたいという人、好みは人それぞれです。個人経営のすし店なら、店の主人が仕入れに通います。地域密着型で数店舗《てんぽ》の規模なら、一人の担当者がまとめて仕入れるのがふつうです。これが大手すしチェーン店になると、店の母体となる会社が仕入れに当たります。

全国に100～300店舗《てんぽ》のチェーン展開をするような会社では、安定的に大量の魚介《ぎょかい》を仕入れる必要があります。そのため、「仕入れ・バイヤー」の専門部署をつくっています。

会社として取扱《とりあつかい》量が大きくなると、魚市場だけでは足りず、魚市場を通さない仕入れ

も行われています。輸入海産物を水産会社や商社から定期的に買いつけることもあれば、産地から直接買いつけることもあります。また、仕入れた食材の在庫管理や品質管理、新しい産地や水産会社の開拓《かいたく》など仕事は広範囲《こうはんい》におよびます。仕入れ部門の中で役割分担を決めて、それぞれの仕事に当たっているところも多くあります。

「きつい」を「充《じゅう》実《じつ》感」に変えるもの

仕入れ担当者は、例外なく食べることが大好き。すし店のはしごを一晩3〜4軒《けん》はあたりまえと胸をはる強者《つわもの》もいます。魚が好き、すしの世界に興味があること。それがスタートです。

長時間労働などによる外食産業の離《り》職《しょく》率

の高さが、よく話題に上ります。新しく採用してもまたすぐ別の会社に移ってしまっては、人材育成は図れません。仕事がきつい、労働に見合った給料がもらえないなどの理由で辞めていく人が多いのも事実です。

それでも、この仕事にやりがいとおもしろさを見いだす人はいます。仕事は長時間におよび、決してラクとはいえません。仕事に対するプロ意識が、プレッシャーやハードワークをはねのけて、大きな「充実感《じゅうじつ》」に変えています。ドキュメント3に登場した須藤さんもその一人です。仕入れを引き受けている自信と誇《ほこ》り。さらにスタッフの信頼感《しんらい》が支えになっています。

「私はチャンスを与《あた》えてもらいました。やる気があれば、あとは自分との闘《たたか》いです。時間をうまく管理するのも、人間関係をつくっていくのも、すべて自分の姿勢にかかっています」

すし店を舞台《ぶたい》にたとえると、観客がお客さんで板前が役者になります。魚やすし種《だね》は芝居の言葉（セリフ）と考えてよいでしょう。仕入れ作業は台本を書き上げるようなものです。でも、台本の言葉が生きていなければ、観客は楽しめません。

「私たちの仕事は、生きているという実感をともなう人間の舞台《ぶたい》そのものです。台本も役者もそろってこそ、お客さまに満足していただけるのです」と須藤さんは話します。

ねばり強く明日のチャンスを待とう

飲食業の世界では、料理人をめざす人以外にも、接客や店のマネジメントに興味をもつ人などもいて入社動機はさまざまです。仕入れの仕事に限定すると、専門性が高く、経験がものをいう職種です。特に市場で実際に魚を見て仕入れる場合には、目利きの力量がないと務まりません。学校を卒業してすぐこの仕事に就けるかといえば、難しいものがあります。外食産業の会社の求人では、「仕入れ・バイヤー」という職種は、即戦力《そくせんりょく》として「経験者」を優遇《ゆうぐう》する傾向《けいこう》があるからです。

しかし、経験はなくても、仕入れの仕事に強い関心があれば、きっと扉《とびら》は開かれます。運よくそのポジションを得たら、先輩《せんぱい》について歩き、何事も貪欲《どんよく》に仕事を吸収する姿勢が大切です。人が好き、話も好き、明るく元気に仕事に立ち向かうパワーも必要です。

「仕入れに興味があって、目利きをめざしたいという人がいたら、私は喜んで市場に連れてきます。買いたいものがあったら買わせて、私の下づけが違《ちが》うと思うなら、正直にそう言ってもらいます。自分で下づけを経験してみて、はじめて気付くことも多いですから」と、須藤さんは若き挑戦《ちょうせん》者の現れるのを待ちのぞんでいます。

ドキュメント 4 買出人

「ほかにないものがある」街の魚屋三代目の仕入れ術

魚廣《うおひろ》 武井《たけい》大次《だいじ》さん

武井さんの歩んだ道のり

神奈川県鎌倉《かまくら》市生まれ。大船《おおふな》駅前の鮮魚《せんぎょ》店「魚廣」の三代目。小学校から高校まではサッカー少年だった。大学教養学部卒業後、横浜市中央卸売市場の水産卸《おろし》会社に入社し、大物課、冷凍《れいとう》課、加工品課で、水産物についてのさまざまな業務にたずさわる。家業の鮮魚《せんぎょ》店を継《つ》いだのは40代になってから。隣接《りんせつ》する「かんのん食堂」は姉の鈴三さんが切り盛《も》りしている。

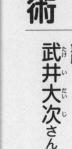

サラリーマンになりたかった

市場では、仲卸《なかおろし》業者から品を買い、消費者に提供する飲食店や小売店の人を「買出《かいだし》人《にん》」と呼ぶ。水産市場で買出人の代表格といえば、やはり魚屋さんだ。

ＪＲ大船駅の東口を出てすぐ、商店街の入り口に、「魚廣」という小さな鮮魚《せんぎょ》店がある。隣《となり》の「かんのん食堂」とは、実は奥《おく》でつながっている。鮮魚《せんぎょ》店でさばいた新鮮《しんせん》な魚を出すのが評判で、食堂はいつもにぎわっている。

魚廣は１９４０年に開店した。その三代目が武井大次さん。

小学生になると武井さんは、魚の頭やウロコを取ったり、忙《いそが》しい時には配達をしたりと、自然に店の手伝いをするようになった。当然、将来は店を継《つ》ぐつもりだったのかと思いきや、まったくその気はなかったという。

「つらいのがわかっていたから。冬は水が冷たいし、夏は魚の管理が大変だし。サラリーマンになろうと思っていた。親父から『やれ』と言われたこともなかったね」

中学、高校とサッカーに打ち込《こ》み、大学は教養学部に進学した。そして、予定通りサラリーマンになる。それでも就職先は、水産卸《おろし》会社だった。

「満員電車で通勤するのが嫌《いや》で、勤務時間が午前4時から正午というのがいいなと思ったんだよ」と笑った後で、こうつけ加えた。

「ま、このへんから『いつか戻《もど》るんだろうな』と、うっすら思っていたね」

その「いつか」はなかなか訪れなかった。

鮮魚《せんぎょ》店は父の福太郎《ふくたろう》さんと番頭さん、創業者である祖母のソノさんで元気にやっていたし、大次さんも会社で忙《いそが》しく過ごしていた。人手が足りなくなるという店の危機が訪れ、「潮時だな」と継《つ》ぐことを決意した時、武井さんは40歳《さい》を超《こ》え、4児の父になっていた。

市場での買い出し風景

市場では、武井さんは「タケちゃん」の愛《あい》称《しょう》で親しまれている。屋号は「魚廣」だが、大船の「大」をつけて「大広《だいひろ》」で通っている。「魚」のつく買出人《かいだしにん》の屋号は多くて紛《まぎ》らわしいので、「魚」の文字は避《さ》ける習わしがある。

毎朝の起床《きしょう》は午前5時。横浜市の自宅から軽トラックの冷蔵車で市場に向かい、6時ごろに到着《とうちゃく》する。仕入れは、なじみの仲卸《なかおろし》を中心に回る。先代、先々代からの長いつきあいの店が多い。

かんのん食堂のぶんは、板前から依頼《いらい》された魚や食材を買う。店に並《なら》べる魚は、自分の目で見て、仲卸《なかおろし》店主と会話しながら決めていく。買いつけた品は仲卸《なかおろし》が軽トラックまで運んでくれるので、仕入れのメモだけを持って回ればよい。買いつけが終わると、一軒《いっけん》ずつ支払いをすませていく。

毎日市場に通うことで、魚廣の目玉商品も変わってくる。ボタンエビやアカガイなど高級感のある魚介《ぎょかい》を刺身《さしみ》の盛《も》り合わせに加えたり、初物をいち早く店頭に並《なら》べたりできる。スーパーの変わりばえしない魚売場とは対照的だ。

その日は、新物のサンマやカサゴ、浜名湖《はまなこ》のアサリが目玉商品になった。

「まだ出始めだけど、サンマは少しずつ身が太くなってきています。店頭では丸のまま出して、食堂では刺身《さしみ》で出してみようかと」

郵便はがき

料金受取人払郵便

本郷局承認

1774

差出有効期間
平成31年5月
31日まで

113-8790

408

(受取人)
東京都文京区本郷1・28・36

株式会社 ぺりかん社

一般書編集部行

購入申込書 ※当社刊行物のご注文にご利用ください。

書名		定価[円+税] 部数[部]
書名		定価[円+税] 部数[部]
書名		定価[円+税] 部数[部]

●購入方法をお選び下さい (□にチェック)	□直接購入 (代金引き換えとなります。送料+代引手数料で600円+税が別途かかります) □書店経由 (本状を書店にお渡し下さるか、下欄に書店ご指定の上、ご投函下さい)	番線印 (書店使用欄)
書店名		
書店所在地		

書店様へ:本状でお申込みがございましたら、番線印を押印の上ご投函下さい。

※ご購読ありがとうございました。今後の企画・編集の参考にさせていただきますので、ご意見・ご感想をお聞かせください。

アンケートはwebページでも受け付けています。

URL http://www.perikansha.co.jp/qa.html

書名	No.

●この本を何でお知りになりましたか?

□書店で見て　□図書館で見て　□先生に勧められて
□DMで　□インターネットで
□その他 [　　　　　　　　　　　　]

●この本へのご感想をお聞かせください

・内容のわかりやすさは?　□難しい　□ちょうどよい　□やさしい
・文章・漢字の量は?　□多い　□普通　□少ない
・文字の大きさは?　□大きい　□ちょうどよい　□小さい
・カバーデザインやページレイアウトは?　□好き　□普通　□嫌い
・この本でよかった項目 [　　　　　　　　　　　　]
・この本で悪かった項目 [　　　　　　　　　　　　]

●興味のある分野を教えてください（あてはまる項目に○。複数回答可）。
また、シリーズに入れてほしい職業は?

医療　福祉　教育　子ども　動植物　機械・電気・化学　乗り物　宇宙　建築　環境
食　旅行　Web・ゲーム・アニメ　美容　スポーツ　ファッション・アート　マスコミ
音楽　ビジネス・経営　語学　公務員　政治・法律　その他
シリーズに入れてほしい職業 [　　　　　　　　　　　　]

●進路を考えるときに知りたいことはどんなことですか?

[　　　　　　　　　　　　]

●今後、どのようなテーマ・内容の本が読みたいですか?

[　　　　　　　　　　　　]

お名前	ふりがな [　歳] [男・女]	ご職業・学校名	
ご住所	〒[　　－　　]　TEL.[　　－　　－　　]		
お買上書店名	市・区 町・村　書店		

ご協力ありがとうございました。詳しくお書きいただいた方には抽選で粗品を進呈いたします。

なじみの店を中心に買いつけていく

みな気心の知れた仲卸《なかおろし》である。少量でも魚の質にこだわる魚廣の商売を心得ているので、自信のもてるものを勧《すす》め、品質に見合った価格ならそれで決まり。おたがいの信頼《しんらい》のうえに成り立つ商売だ。

その日はマグロ、ダルマイカ、サンマ、カンパチ、カサゴ、タカベ、エゾイシカゲ貝、アサリ、生ワカメ、生シラス、ホッケやサバの干物などを、仲卸《なかおろし》9店舗《てんぽ》から仕入れた。刺身《さしみ》のつま、ナスの漬《つ》け物、魚のフライに使うパン粉などは関連事業者3店舗《てんぽ》から購入《こうにゅう》する。

市場を歩く武井さんに声がかかる。

「滅多にないウニだけど、どう？　安くしとくよ」

「この暑さでとけちゃうよ」

ざっくばらんな掛《か》け合いがとびかうのが、市場というところなのだ。

仕入れは1時間半で終了《しゅうりょう》した。仲卸《なかおろし》で海水をポリタンクに入れてもらい、魚を入れた発《はっ》泡《ぽう》箱に氷を多めに詰《つ》め、市場を後にする。

店に到着《とうちゃく》するのは9時。すべての魚に値段をつけて、店頭に並《なら》べ終えるのは昼過ぎになる。そのあいだも食堂で出す魚の下ごしらえをし、注文が入れば刺身《さしみ》を引くので休む間はない。昼食は午後3時から4時くらいにとる。

夕食の魚を物色しにくるお客さんとやりとりし、5時半ごろから片付け始める。しかし食堂のラストオーダーが夜の8時半なので、帰るのは早くて午後9時だ。

街の鮮魚《せんぎょ》店を守るということ

商店街に活気がある大船でも、個人経営の鮮魚《せんぎょ》店はつぎつぎに廃業《はいぎょう》し、残っているのはわずか。魚廣の近くにはスーパーマーケットが2軒《けん》と大きな鮮魚《せんぎょ》専門店がある。よほど特《とく》徴《ちょう》を出さなければ、小さい店は生き残れない。魚廣の特徴《とくちょう》は「ほかにないものがあること」。

品数は少なく、ほかよりやや値段が高めだが、ここにはいいものがある。そう信頼《しんらい》してくれる地元のなじみ客に、店は支えられている。小さな豆アジのエラと内臓を取ったり、シコイワシを開いて皿盛《さらも》りにしたり、魚料理のハードルを下げる工夫もしている。

鮮魚《せんぎょ》店という商売の魅力《みりょく》は何だろうか。

「人よりおいしい魚が食べられること。それから、お客さんが『おいしかったよ』と言ってくれること」

魚が好きで、長年通ってきてくれるお客さんがほとんどだから、年齢《ねんれい》層は高め。そして、店先での何ということのない会話も、毎日のおかずと同様、欠かせない心の栄養になって

魚の下処理をしたり、刺身を引いたりと大忙しだ

いるようにも見える。

鮮魚《せんぎょ》店に向くのはどんなタイプの人か、武井さんに聞いてみた。

「別にないよ。それを言ったら俺《おれ》自身が魚屋に向いてないもん。『へい、らっしゃい！』なんて威勢《いせい》のいい声出せないし。性格が内向きでね。親父《おやじ》は外向的で人と話すのが好きだったけど俺《おれ》は苦手。魚は好きなんだけどね」

型通りの魚屋を演じる必要なんてない、と武井さんは言う。

「魚屋らしさなんて、あとからついてくるんだよ、きっと」

地元に根差したこの店を着実に守っていきたい。今日も、父の時代と同じ昔《むかし》ながらの陳《ちん》列《れつ》で、おなじみさんの期待を裏切らない魚を、武井さんは並《なら》べていく。

買出人（鮮魚店）の仕事——魚のことを何でも教えてくれる魚のプロ

現場で修業しながら目利きに

鮮魚店《せんぎょ》は魚市場で魚を仕入れ、店で一般客《いっぱん》に売るのが仕事です。この仕事にまず欠かせないことは2つあります。

①魚のよしあしを見分ける目があること。

②衛生管理がきちんとできること。

さらに、魚のさばき方や調理法、店舗《てんぽ》経営などをひと通り身につけなければなりません。ドキュメント4で紹介《しょうかい》した武井さんのように、家がもともと鮮魚店《せんぎょ》だったという人が多いですが、そうでなくてもこの道に入る方法はあります。何年か鮮魚店《せんぎょ》で働いて、仕事の流れをつかみ、知識と技能を身につけて、独立するのです。また、自分の家が鮮魚店《せんぎょ》でも、よその店で修業するのはよくあることです。

「ぜひここで働きたい」と思う店があったら、直に頼《たの》んで働かせてもらえるといいのですが、今は個人経営で人を雇《やと》う余裕《よゆう》のある店は少なくなっています。大型の鮮魚《せんぎょ》専門小売店で働くのがもっとも現実的でしょう。魚売り場は大手スーパーにもありますが、魚にあまり力を入れていない店だと、そこで働いてもそれほど専門知識を深めることができません。

入社するなら学歴も問われる

学歴は、鮮魚《せんぎょ》店という仕事じたいには関係ありません。しかし、鮮魚《せんぎょ》専門小売店の採用には会社ごとの規定があるので、入社試験を受けるなら、その条件を満たすことが必要です。

自分で開業する時は、「食品衛生責任者」の資格と、「魚介《ぎょかい》類販売《はんばい》業の営業許可証」を取ります。早めに地域の保健所に確認しましょう。これは店舗《てんぽ》を構えず、移動販売《はんばい》やインターネット販売《はんばい》をする時も同様です。ほかには「ふぐ調理師免許《めんきょ》（都道府県によって名称《めいしょう》は異なる）」を取っておくといいでしょう。仕入れや配達のため、自動車運転免許《めんきょ》も必要です。

市場では魚の色、つや、身の太さ、目などを見て、すばやく状態を判断します。いい魚を入手するのに、信頼《しんらい》のおける仲卸《なかおろし》と、いい関係をつくることは大切です。

魚好きを増やしたいと、鮮魚店ではさまざまな工夫を重ねている

店頭売りのほかに、料理店や施設《しせつ》、学校などに配達をしている店もあります。給食のメニューはあらかじめ決まっているので、注文の品を確実に入手するようさまざまなルートを利用し、先方の注文に応じた下処理をして、時間までに届けます。

時代に合ったサービスで魚食文化を守る

海外では健康志向から魚好きが増えているのに対し、魚大国と言われた日本では近年、魚と肉の消費量が逆転しました。１９８０年代に５万以上あった店舗《てんぽ》も半分以下に減っています。魚の調理法を知らない人が増え、特に若い世代でその傾向《けいこう》がはっきりしています。

そんな中で、魚のよさをもっと知ってもらうために、鮮魚《せんぎょ》店はさまざまな工夫をしています。調理法を教えたり、さばいてあげたり、忙《いそが》しい人向けに調理ずみの魚を並《なら》べたり、高齢《こうれい》者には新鮮《しんせん》な魚を少量提供したりと、お客さんに合わせてきめ細かく対応するようになりました。

出張授業やイベントで、子どもや若者に魚料理の楽しさを伝える人もいます。魚食普《ふ》及《きゅう》を図る「おさかなマイスター」という資格講座もあり、武井さんもこの資格をもっています。

江戸時代の魚屋さんは、天秤棒《てんびんぼう》を担いで魚を売り歩いていました。「棒手振《ぼてふ》り」といって、時代劇や落語でおなじみですね。今も自動車での移動販売《はんばい》は健在で、これなら店舗《てんぽ》よりは開業資金は少なくてすみます。しかし魚を扱《あつか》うための設備は必要ですし、道路で売るのは道路交通法で禁じられているので、販売《はんばい》場所の許可を取らなければなりません。

最近では、カフェのようにおしゃれな鮮魚《せんぎょ》店や、インターネット販売《はんばい》も話題になっています。

どんなやり方にせよ、基本は変わりません。彩《いろど》り豊かな魚のおいしさを知ってもらいたいという熱意と、それに基づく目利き、衛生管理、技能を備えてこそ、プロの魚屋さんです。

市場あっての商売
こだわりが詰まっています

魚市場あっての商売

横浜市中央卸売市場（水産物部）の中には、関連事業者の27店舗《てんぽ》があります。関連事業者とは、開設者の許可を受けて、買出人《かいだしにん》を中心とする市場利用者のために業務を営む人たちのことです。つま物や珍味《ちんみ》類、季節野菜を商う店、海苔《のり》・乾物《かんぶつ》などを商う店、包丁、鍋《なべ》などの調理道具を置く店、市場で仕入れた魚介《ぎょかい》を看板メニューにする飲食店など、個性派店主のこだわりが詰《つ》まった店舗《てんぽ》ぞろいです。

ここからは、それぞれの店主の方にお店を紹介《しょうかい》してもらいましょう。

海苔《のり》製造・販売《はんばい》業――海苔《のり》とかつお節の復権をかけて　蔦金商店《つたきんしょうてん》　出川雄一郎《でがわゆういちろう》さん

●蔦金ならだいじょうぶの安心感

蔦金は創業123年の歴史がありますが、私が五代目となります。現在は、横浜市中央卸売市場本場と南部営業所に店舗《てんぽ》を構えて、本場の近くに本店があります。市場内の店舗《てんぽ》は業務用として、すし店、日本そば店、料理店など買出人《かいだしにん》向けの商いです。お得意先が店を閉めて数を減らす中で、最近ではラーメン店向けの需要《じゅよう》が増えてきました。海苔《のり》とかつお節は日本料理に欠かせない食材ですので、店舗《てんぽ》ではこの2つの商品を中心に並《なら》べています。

海苔《のり》は、宮城《みやぎ》、千葉《ちば》、伊勢《いせ》、瀬戸内《せとうち》、有明《ありあけ》など産地に行って仕入れてきます。本店の2階が倉庫で、3階が加工場になっています。海苔《のり》焼き機があって、直接うちで焼いたものを袋《ふくろ》に詰《つ》めたり、カットして商品化したりして、新規需要《じゅよう》に対応しています。

11月の終わりから4月いっぱいまで海苔《のり》はとれます。時期によって品質も変わってくるので、お客さんの好みも分かれます。たとえば、色の青いのがい

蔦金商店の出川雄一郎さん

日本の食卓へ海苔を届ける

い、黒いほうがいい。厚いほうがいい、薄《うす》いほうがいいという具合です。うちが多くの産地から時期を変えて海苔《のり》を取りそろえているのは、お客さんの多様なニーズに応えるためです。長年おつきあいしている中で、「蔦金に頼《たの》めばだいじょうぶ」という安心感と信頼《しんらい》関係を大切にしてきました。

●受け継《つ》ぎたい味の記憶《きおく》

昭和の時代を思い起こせば、朝ごはんには卵焼きと海苔《のり》、かつお節でダシをとった味噌《みそ》汁が食卓《しょくたく》にのぼったものです。運動会や遠足など、お母さんがむすんでくれたおにぎりには海苔《のり》が巻いてありました。海苔《のり》も、かつお節も、家庭料理のひと手間でコンビニエンスストアの食品では味わえない和食本来の奥深《おくぶか》い味を知ることができます。日本人の味の記《き》憶《おく》のひとつとして、しっかり受け継《つ》いでもらいたいと思いますね。

昔《むかし》のすし店の職人さんは、こだわりが強かったですよ。「うちは××産の海苔《のり》じゃないと使わない」なんてね。これからの時代、お客さんの要望に合わせるだけでなく、素材にこだわるお得意先には「××料理には××産の海苔《のり》が合いますよ」といった、こちら側からの提案も行っていきます。今一度、和食文化の「基本のき」に立ち返る時が来ています。

料理道具と日用雑貨販売《はんばい》――包丁を研《と》ぐのも仕事のひとつ　三河屋商店《みかわやしょうてん》　藤田明弘《ふじたあきひろ》さん

●仕入れは食材に限らない

１９２７（昭和２）年、祖母がローソクやわらじなどの雑貨を横浜市真砂《まさご》町の露店《ろてん》で商っていたと聞いています。１９３１（昭和６）年、中央卸売市場の開設と同時に店舗《てんぽ》を構えました。その後、父が会社を設立し私が引き継《つ》ぎました。料理道具各種と飲食店に置かれる小物や容器類、料理に使う竹串《たけぐし》や料理箸《りょうりばし》、変わったところでは、仲卸店《なかおろしてん》舗《ぽ》でスペースをとらずに煮炊《にた》きできる業務用のガスコンロまで幅広《はばひろ》く扱《あつか》っています。

三河屋商店の藤田明弘さん

包丁は販売《はんばい》するだけでなく、10年ほど前から研《と》ぐ

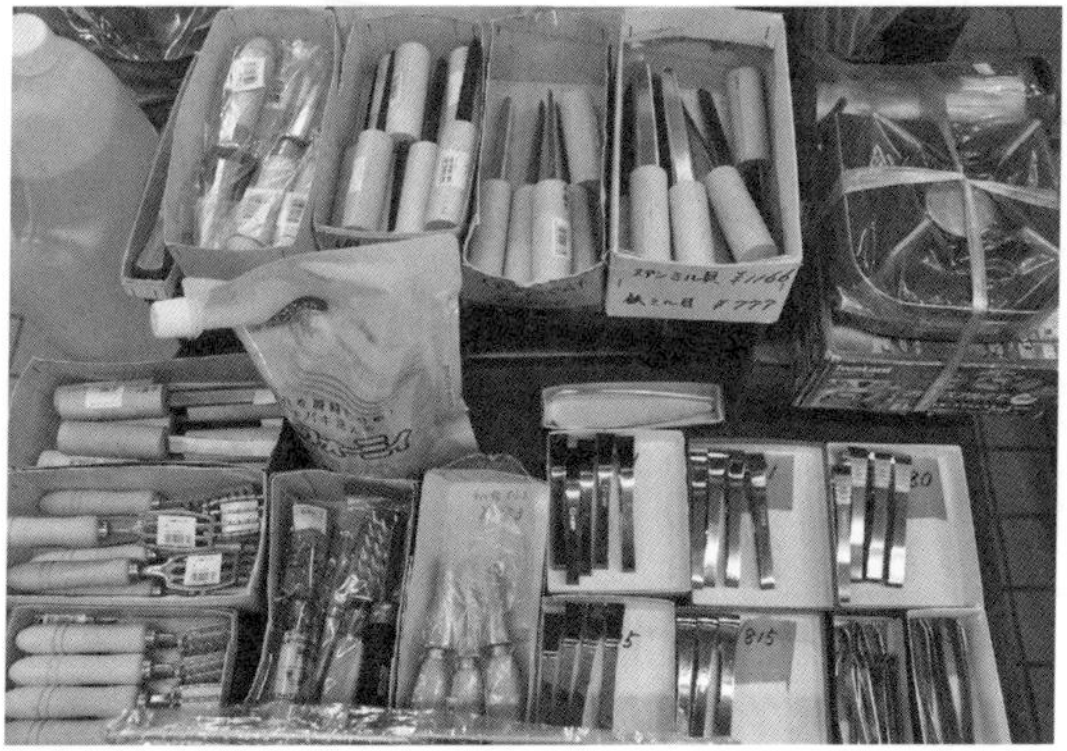

さまざまな料理道具をそろえる

仕事も始めました。最初は本やインターネットで研究して、実際にお客さんに使い心地を聞いて、改良を加えてきました。包丁のつくりもまちまちで、どのような使い方をされているかによっても、研《と》ぎ方は変わります。最終的には自分の感覚で研《と》ぐしかないです。これで完成というゴールはありません。

●魚市場にあることの意味

家庭での使用なら、その場だけ切れるようにする市《し》販《はん》の研《と》ぎ器でいいんです。でも飲食店の場合、包丁は商売道具ですからそうはいきません。たとえば、アジを三枚におろします。ひとつの包丁は10本しかおろせません。片方は１００本おろせます。１回研《と》いで１週間もたせられるか、毎日研《と》ぐかの違《ちが》いは大きいです。毎日研《と》げば、砥石《といし》も減るし、包丁もすり減ります。また、よく切れる包丁を使った料理がおいしいのは周知の事実です。

お客さんは、包丁を研《と》ぐ時間がないと言って持ってこられたり、ご高齢《こうれい》になり手元があぶないので見てほしいと言ってきたり、いろいろなケースがあります。顔なじみの仲卸《なかおろし》や買出人《かいだしにん》から気安く相談されれば、少しでもお役に立ちたいという気持ちで続けています。

料理道具は今やネットでもホームセンターでも購入《こうにゅう》できますが、やはり市場内の店舗《てんぽ》である以上、料理店、すし店、鮮魚《せんぎょ》店など飲食店のプロ向けの、使いやすく耐久《たいきゅう》性にすぐれた商品を扱《あつか》うようにしています。包丁やまな板をはじめ、ウロコ取り、骨抜《ぬ》き、貝むきなど種類別に各サイズをそろえていて、これらはロングセラー商品です。市場開放日にご来店される一般《いっぱん》のお客さんでも、魚料理をされる方にはおすすめしています。

顔の見える定食屋さん――定番料理から新メニューまで　厚生食堂《こうせいしょくどう》　岡田尚治《おかだしょうじ》さん

●町の定食屋さんとはひと味違《ちが》う

厚生食堂は横浜《よこはま》魚《うお》市場《いちば》卸《おろし》協同組合から委託《いたく》を受けて運営しています。名前の通り、もともとは組合の人びとの福利厚生としての食事の提供が目的でした。市場で働く人たちはとにかく時間に追われますから、15年前に店を引き継《つ》いだ当初は、手っ取り早く食べられるしょうが焼き定食やからあげ定食など肉料理中心のメニューでした。でも、今は魚市場関

厚生食堂の岡田尚治さん

係者以外にも青果棟《とう》で働く方、仕事で市場に来られた方、一般《いっぱん》のお客さんと客層は広がりました。魚市場ということで、その日、仕入れた魚のメニューを中心に提供しています。

たとえば、サバ味噌《みそ》などポピュラーな料理以外にも、カサゴの煮つけやサワラの西京漬《さいきょうづ》けなど、街中の定食屋さんではなかなかお目にかかれないものも、安く仕入れることができるので、そのぶんお安く提供できます。一般《いっぱん》のお客さん向けの定番は海鮮丼《かいせんどん》と刺身《さしみ》定食です。長年通われているお客さんには、豚《ぶた》のもつ煮込《にこ》みやくじらのユッケが根強い人気ですね。

魚市場関係者以外にも人気の食堂だ

●魚市場の目利きが先生です

仲卸《なかおろし》さんから「きょうはこんな魚あるけどどう?」と声がかかることも多いので、魚種も魚の量も多いです。このサバは脂《あぶら》がないからみりん干しにしようとか、鮮度《せんど》はいいのでしめサバにしようとか、その日の魚の状態によってレシピを替《か》えています。残ってしまったものは、夜中のうちに焼きます。魚の身をほぐして、朝アツアツのおにぎりの具材にして、となりの売店で販売《はんばい》します。店で食べる余裕《よゆう》のない小揚《こあげ》さんや仲卸《なかおろし》で仕分け作業をする方に喜ばれています。市場で働いている人のお好みに合わせて、メニューも臨機応変に対応しています。

毎週食べに来てくださる一般《いっぱん》のお客さんの好みの魚はわかっています。つぎはこんなふうにして食べていただこうと、召《め》し上がった時の笑顔《えがお》を想像しながら、新メニューを考える時間はとても楽しいです。

魚市場には魚好きのお客さんが集まり、魚のことなら何でも教えてくれる仲卸《なかおろし》さんがいます。日々発見し学んだことが料理に反映できること、それは魚市場の食堂で働いているからこそできることで、みなさんに感謝の気持ちでいっぱいです。

3章

魚市場を支えるプロフェッショナルたち

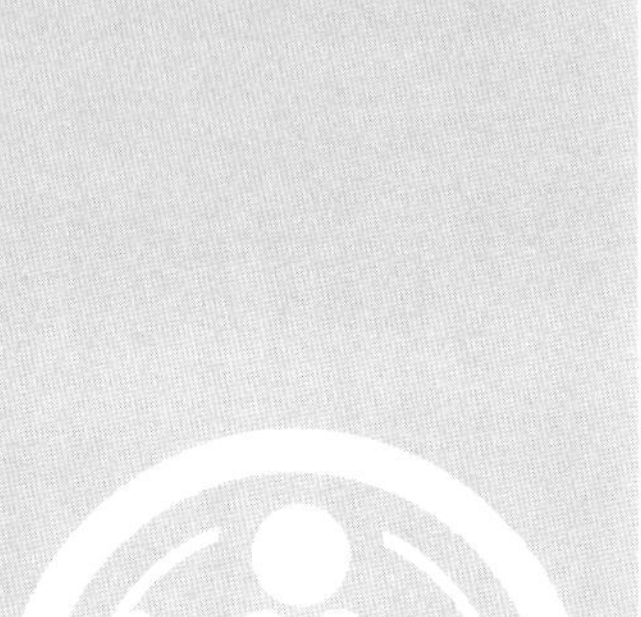

ドキュメント 5
食品衛生検査所の食品衛生監視員

事業者と消費者を安全・安心でつなげたい

本場《ほんじょう》食品《しょくひん》衛生《えいせい》検査所《けんさじょ》
村《むら》上《かみ》哲《てつ》治《はる》さん

編集部撮影

村上さんの歩んだ道のり

バイオテクノロジーを勉強したくて、大学は農学部農芸化学科を受験。入学後、しだいに食品に関心をもつ。卒業後、横浜市の公務員として食品衛生監視員《かんし》に。長年、保健所で食の安全にかかわる仕事を経験。「食の安全・安心を確保するためには、事業者に適切な衛生管理をしてもらい、消費者には正確な情報を伝えることが必要。行政として両者の懸《か》け橋になっていきたいです」

中央卸売《おろしうり》市場の食品衛生検査所

家庭で食べる魚や肉、野菜・果物など生鮮《せいせん》食料品の多くが中央卸売《おろしうり》市場を経由して、スーパーマーケットや専門店に並《なら》べられる。また、私たちの食生活の多様化、また毎日口にする食の嗜好《しこう》の変化で、市場で取り扱《あつか》う食品の種類や流通の仕組みも少しずつ変わってきている。

そんな時代に合わせて、近年、健康志向の高まりから、食品の安全性への関心がますます大きくなってきた。横浜市中央卸売市場本場と同じ敷地内《しきちない》には本場食品衛生検査所があり、卸売《おろしうり》会社の管理する施設《しせつ》や仲卸店舗《なかおろしてんぽ》、市場内外の小売店などに対して、施設《しせつ》の衛生管理や食品の取り扱《あつか》いなど、監視《かんし》や指導を行っている。また、安全・安心のための食品検査を絶えず行い、私たち消費者の暮《く》らしを陰《かげ》で支える役目を果たしている。

本場食品衛生検査所は横浜市健康福祉《ふくし》局に属し、現在、17名の職員が従事。事務職1名を除き、みんな食品衛生監視《かんし》員の資格をもった人たちだ。所長の村上哲治さんに一日の仕事のおおまかな流れを聞いた。

「横浜市中央卸売市場本場には、魚介《ぎょかい》類を取り扱《あつか》う水産棟《とう》だけではなく、野菜や果物などを扱《あつか》う青果棟《とう》もあります。本場食品衛生検査所では、水産と青果の両方の施設《しせつ》・食品を対象に監視《かんし》や検査を行っています。現在、早朝勤務と通常勤務の二態勢です。早朝監視《かんし》は、せり売り開始前の午前3時過ぎから2名の食品衛生監視《かんし》員が週3〜4回実施《じっし》。食品の衛生的な取り扱《あつか》いについての監視《かんし》や指導、食品の表示点検、生食用の貝類などを保管している部屋の温度測定、有害有毒魚介《ぎょかい》類の排除《はいじょ》、また検査のためのサンプリング（抜《ぬ》き取り）も行います」

早朝勤務担当の職員は、夜10時に仕事場につめる。10時から午前3時までは事務室に待機。3時になると市場に出向く。3時過ぎから7時までは、せりの時間とも重なるので、このタイミングで市場内を巡回《じゅんかい》する。たとえば、その日予定されている検査品目に魚介《ぎょかい》類やその加工品があれば、決められた先でサンプリングもする。

せり場が落ち着く午前7時ごろに事務室に戻《もど》ってくる。つぎにサンプリングした食品をすぐ検査にかかれるようにセッティングしたり、手順を確認したりする。食品のラベルに書かれている表示データ（産地や商品名など）を検査台帳に打ち込《こ》む作業もある。通常勤務の職員が出勤する8時30分になったら、ミーティングを行う。早朝勤務の報告があり、その日の作業の確認や改善が必要な店への指導方針などを話し合う。

通常勤務では、仲卸《なかおろし》の店先に品物が並《なら》べられる頃合《ころあ》いを見て、仲卸店舗《なかおろしてんぽ》を中心に関連業者や市場内の作業場も見て回る。品物が衛生的に扱《あつか》われているか、商品情報がラベルにきちんと記載《きさい》されているかなどをチェックする。これら一連の作業が終了《しゅうりょう》すると、午前10時くらいから本格的な検査に入る。

専門性の高い地道な食品検査

いつ、どのような検査をするのか、月間スケジュールは1カ月ほど前に割りふられる。「検査は大きく2つに分けられます。放射性物質、残留農薬、貝の毒性検査などを行う

『理化学検査』と食中毒菌《きん》、ノロウイルス、寄生虫などを調べる『細菌《さいきん》検査』です。食品中に含《ふく》まれる放射性物質検査は、午前10時までに結果がでるようにしています。細菌《さいきん》検査では、サンプリングした食品（検体）に含《ふく》まれる細菌《さいきん》を培養《ばいよう》したりもします。そのような時には、ほかの検体を細菌《さいきん》が汚染《おせん》したり、別の検体の一部が混入したりしないように細心の注意のもと高度な技術が活かされます。

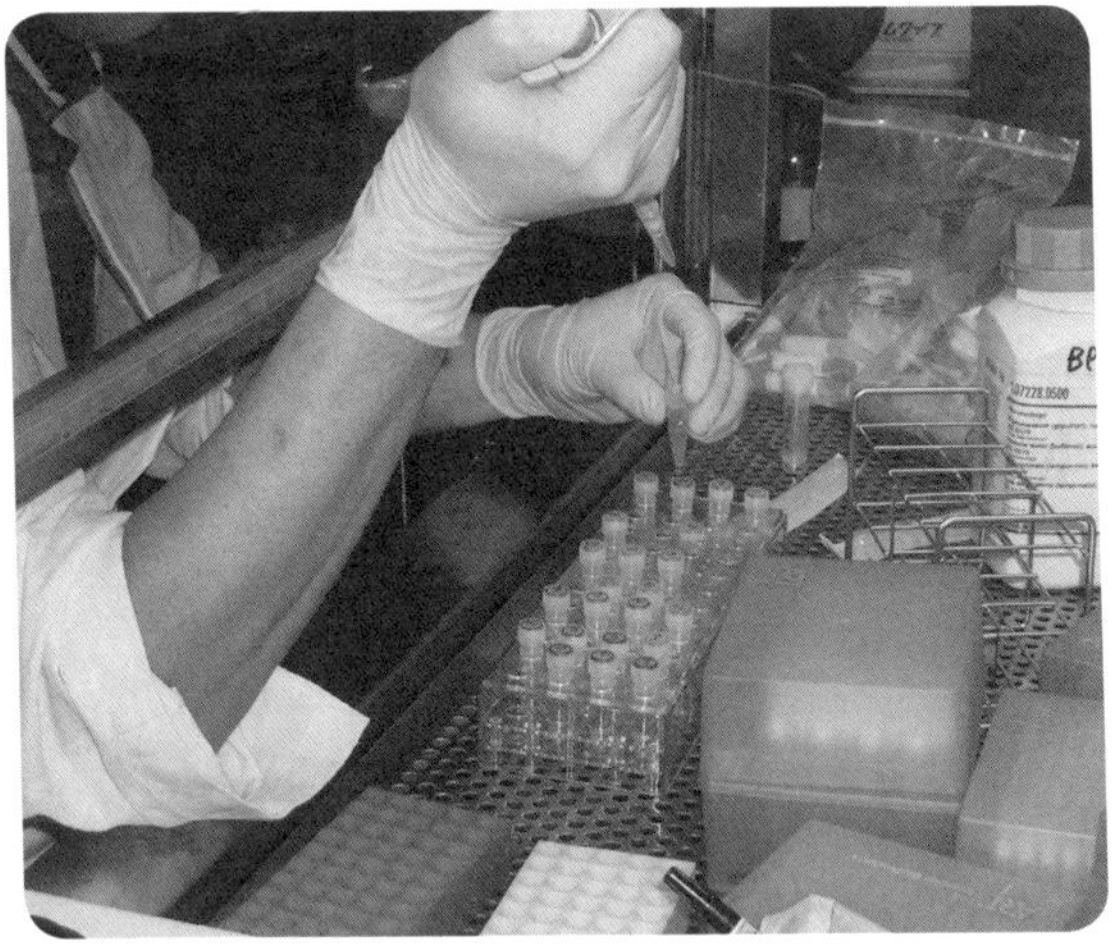
ウイルス検査のようす　本場食品衛生検査所提供

午前中は検査に専念することが多いですね。午後はデータの処理とか、細菌《さいきん》検査の結果を判定する作業が多くなります。シャーレの中の細菌《さいきん》数をカウントして、台帳に入力していく作業などがあります。その作業が午後5時15分の終業時間まで続きます」

本場食品衛生検査所では、市場だけでなく横浜市の18区の福祉《ふくし》保健センターからの依頼《いらい》も受けて食品を検査している。それらは中央卸売市場を経由しないで、産地や食品メーカーから小売店や飲食店に直接運ばれたものが多くある。市内を流通している食品を幅広《はばひろ》く調べるため、これも大事な仕事のひとつになる。

　法令で定めている基準を超《こ》えてしまうと、違反《いはん》という扱《あつか》いになる。そのような場合、検査結果が正しいものかどうかを検証しなければならない。また、検査結果に疑問・不服が生じる場合もあるかもしれない。そのような時のために再検査に必要な分量の検体を一定期間、冷凍《れいとう》状態でストックもしている。

「理化学検査と細菌《さいきん》検査の信頼《しんらい》性を確かなものにするための仕組みもあります。各検査責任者（係長）の2名は直接検査を行わず、職員が報告してきた検査結果に対して、第三者的な客観的な視点をもちつつ、責任者として判断を下すことになっています」

　最後に村上所長が適正な判断かどうかをチェックして、より確実なものにしている。

安全・安心をデータで裏づける

　これまで市場内では仕入れたものをそのまま売るところがほとんどだったが、多くの仲《なか》卸店舗《おろしてんぽ》内に魚介《ぎょかい》類を下処理・加工する専用スペースが設けられ、衛生面で気を配ることも多くなってきた。これまでは温度管理や水の取り扱《あつか》いを重点的に指導していたが、包丁やまな板の消毒や従業員の健康管理まで指導内容は広がりをみせている。

「市場内にはいくつもの活魚《かつぎょ》の水槽《すいそう》があります。活魚《かつぎょ》の多くが生食用に販売《はんばい》されるので、そこで使われている海水や海水濾過《ろか》水などのサンプリング検査も定期的に実施《じっし》しています。『あの水は衛生的ですか?』と聞かれた時にきちんと安心材料を提供できるようにしています」

　本場食品衛生検査所の仕事で大事なこと、求められる資質は何だろうか。

「食品の安全性を確保していくことが使命だと思っています。これは卸売《おろしうり》市場に限ったことではありませんが、食中毒や食品の事故が起きないように予防啓発《けいはつ》的な活動を続けていくことが大切だと思っています。横浜市中央卸売市場をはじめとして、事業者も含《ふく》めさまざまな関係者が協力して食の安全確保の取り組みを行っていることを知ってもらえればと思います。毎日の検査内容と結果をデータとして見た時に、問題とされる物質は基準値よりもずっと低い微量《びりょう》の値です。違反《いはん》と言われるものは、一年間に行っている検査千数百件当たりわずか数件です。食の安全についての講習会でも情報発信のために、このような話をしています」

　近隣《きんりん》に住む外国の方との交流会や、市民の横浜市中央卸売市場見学会で、食中毒予防の話をする機会があるという。たとえ短い時間でも、市民へ直接情報提供する場は大切にしており、これは年間10回ほどに上る。

「食品に対しての消費者の不安を事業者にもわかってもらい、買出人《かいだしにん》や納入先が納得できる取り扱《あつか》いや説明を実践《じっせん》してほしいと思っています。そして目には見えにくい『安全・安心』の裏づけを私たちがしっかりデータ化して、事業者や消費者に示していくことが大事です。事業者と消費者を信頼《しんらい》と安心でつなぐ『懸《か》け橋』になることが務めだと思っています。求められているのは、専門的な知識や技術もありますが、言葉でわかりやすく伝えるコミュニケーション力なのかもしれません」

食の安全のスペシャリスト

食品への強い関心が必要

テレビのニュース番組や新聞で食中毒の話題をときどき目にします。「O《オー》157」や「ノロウイルス」、「アニサキス」、という言葉を聞いたことがあるかもしれません。これらの病原菌《きん》や寄生虫が食品を通して体内に入って食中毒を引き起こします。下痢《げり》・腹痛・発熱などの症状《しょうじょう》をともなうだけでなく、場合によっては亡《な》くなる方もいます。どうしたらこのような事故を防げるのでしょうか。専門的な知識や技術を活かして、食品の安全や安心に貢献《こうけん》したいという気持ちこそ、この仕事の出発点になります。

ドキュメント5で見てきたように、誰《だれ》もがすぐにできる仕事ではありません。各分野の専門の勉強をしていることが前提であり、食品の幅広《はばひろ》い知識も求められます。常日頃《つねひごろ》から

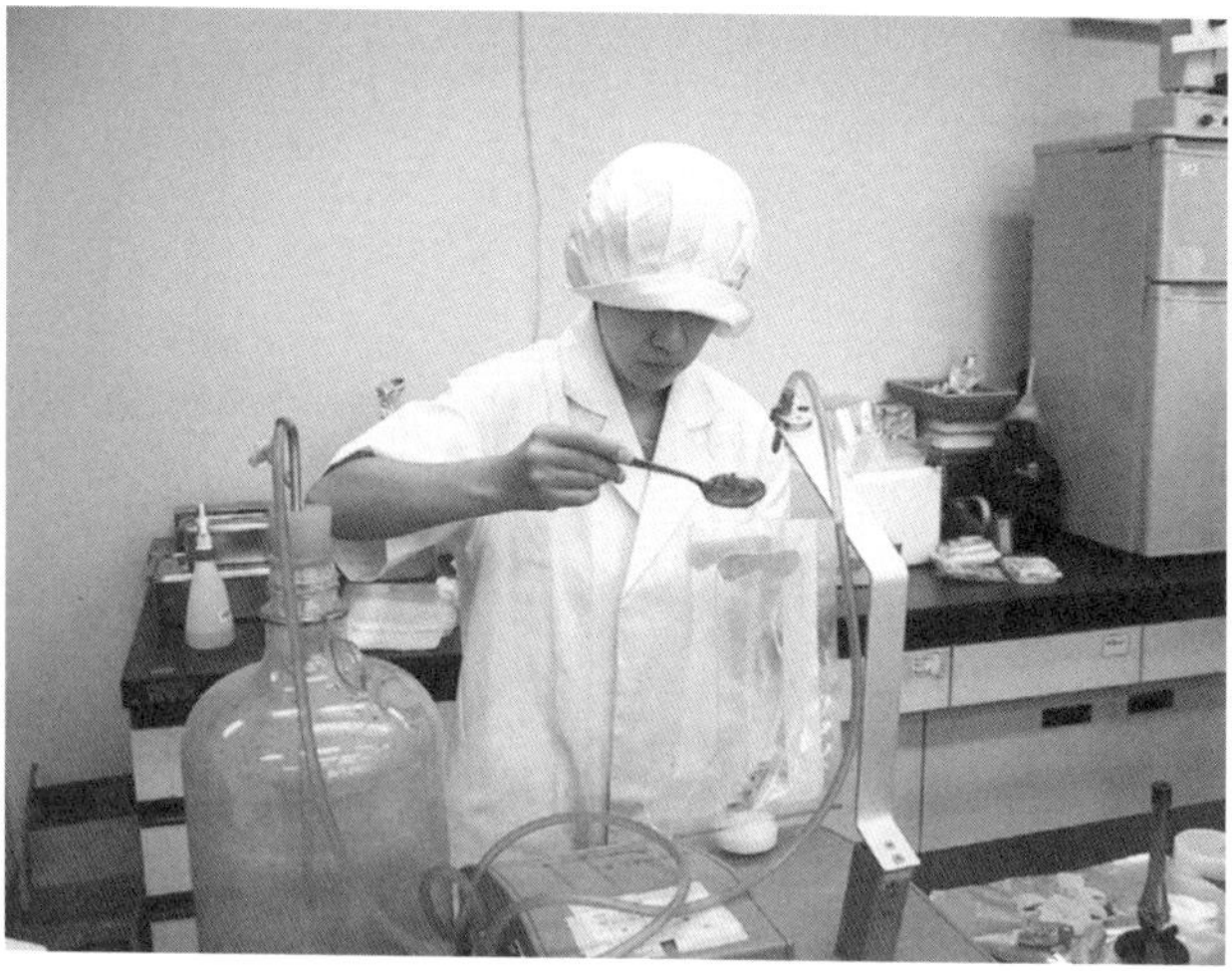

検査は真剣そのもの。慎重に行う　本場食品衛生検査所提供

「食」への強い関心や問題意識をもつことも欠かせません。

食品衛生検査所の職員になるためには「食品衛生監視《かんし》員」の資格が必要です。この資格取得のためには、大学などで厚生労働省《こうせいろうどうしょう》が認定した内容を勉強して卒業しなければなりません。その後、公務員試験を受け、国や地方自治体の行政機関に採用されれば、そこで働くことになります。ちなみに国の機関では、全国主要な空港や港の検疫《けんえき》所を中心に、輸入食品の安全監視《かんし》や指導・検査に当たります。また、検疫《けんえき》所では食品の監視《かんし》以外にも海外からの飛行機や船舶《せんぱく》の乗客を対象に、感染症《しょう》の病原体の侵入《しんにゅう》を防ぐ役目もあります。

学んだことを活かせる仕事

それでは、2016年度の資料をもとに横浜市の採用状況《じょうきょう》を見てみましょう。食品衛生監視《かんし》員の資格は、大学（短期大学を含《ふく》む）などで医学、歯学、薬学、獣《じゅう》医学、畜産《ちくさん》学、水産学、農芸化学のいずれかの課程（一部の学部では厚生労働省が定める課程が必要）を修めて卒業すれば取得することができます。横浜市では、専門職のひとつとして「衛生監《かん》視《し》員」の募集《ぼしゅう》を行っていて、2016年度では、107名が受験し（申込者は129名）、合格者は24名。競争率は4・5倍でした。

採用後は、健康福祉《ふくし》局や市内18カ所にある区役所の福祉《ふくし》保健センター、本場食品衛生検査所、食肉衛生検査所、衛生研究所や動物愛護センターなどで仕事にたずさわります。仕事の内容は、飲食店や食品製造業・食品販売《はんばい》業などの食品関連施設《しせつ》や、理容・美容所、クリーニング所、旅館（ホテル）や映画館などの環境《かんきょう》衛生営業施設《しせつ》などへの監視《かんし》指導・検査があります。衛生監視《かんし》員のなかで、獣《じゅう》医師免許《めんきょ》をもつ職員は、食肉衛生検査所での牛や豚《ぶた》などの検査業務、動物愛護センターでの動物関係業務に就くこともあります。

検査データを確認することも　　本場食品衛生検査所提供

夏冬の検査に向き合う毎日

本場食品衛生検査所の検査のあらましを2015年度の報告書をもとに紹介《しょうかい》します。

水産物の理化学検査では、248件の魚類について放射性物質検査を行い、セシウム134・セシウム137のチェックをしました。またマアジ、マサバなど29種類（養殖《ようしょく》含む）の魚種での水銀検査、ホタテガイやアカガイなどの貝毒検査、ふぐ毒の検査も実施《じっし》しています。人体に有害とされるこれらの物質について不検出もしくは規制値以下であることを確認しました。

細菌《さいきん》検査では、魚介《ぎょかい》類を対象に黄色ブドウ球《きゅう》菌《きん》や腸炎《ちょうえん》ビブリオなどの食中毒菌《きん》の検査を実施《じっし》しましたが違反《いはん》はありませんでした。

一方、生ガキのノロウイルス検査では、70件の検査をしたところ、ひとつの加熱用カキで陽性反応が出たため、取り扱《あつか》いについてサンプリングした店舗《てんぽ》などに注意喚起《かんき》を行いました。

ドキュメント5で登場した村上所長は、つぎのように説明します。

「生鮮《せいせん》食品を扱《あつか》っていますので、食品がいたみやすい時期の夏場には市場内の巡回《じゅんかい》指導や検査を強化します。それと年末年始は年越《としこ》しの準備もあって、食品の流通量が増えます。夏と冬の年2回、食品の一斉《いっせい》点検期間を設けて、重点的に目を光らせることにより食中毒の予防や不良食品の排除《はいじょ》、適正表示などの指導を実施《じっし》します。福祉《ふくし》保健センターからの検査依頼《いらい》もありますので、検査の数はどうして

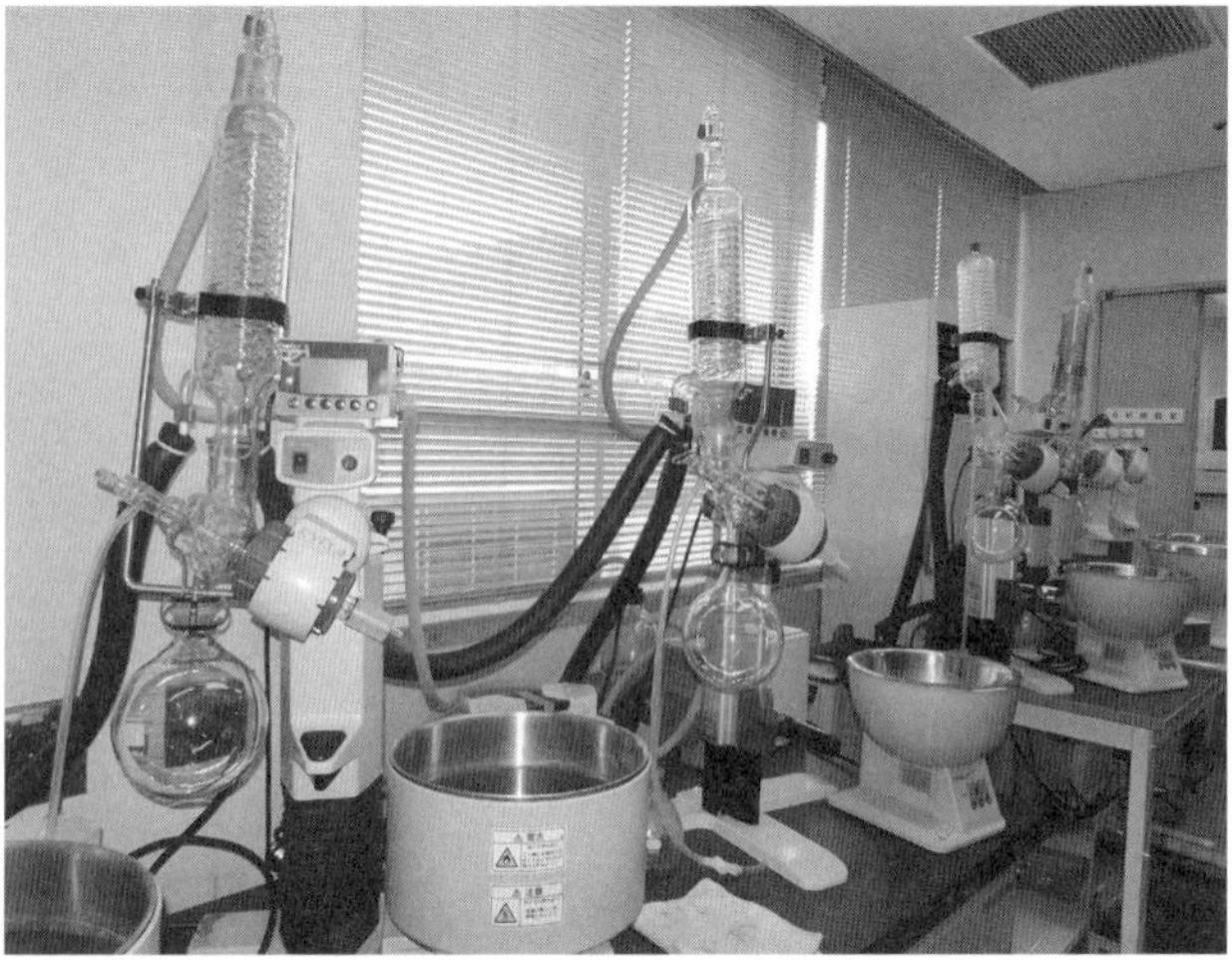

さまざまな器具を使いこなすことが重要だ　本場食品衛生検査所提供

もこの時期には多くなります」

消費者の健康を見守り支えるために地道な努力を積み重ね、さまざまな研修を通して人材育成も図っています。食品衛生に関する専門的で最新の情報収集、新たな検査技術の習得など職員のスキルアップにも努めています。

ひと口に食品衛生監視《かんし》員の仕事といっても、検査だけでなく食品の店舗《てんぽ》や工場への立ち入り指導もあります。また、本場食品衛生検査所では魚介《ぎょかい》類や青果物が中心となりますが、食肉衛生《えいせい》検査所、福祉《ふくし》保健センターなどその他の部署も合わせれば牛や豚《ぶた》などの食肉から、さまざまな国産・輸入の加工食品を検査しており、検査項目も微生物《びせいぶつ》や寄生虫、残留農薬、放射性物質まで多岐《たき》にわたります。

「専門性をみがき、経験を積みながら、監視《かんし》指導や検査技能に習熟していくことが求められます」と村上所長は締《し》めくくってくれました。

ドキュメント 6 冷蔵倉庫業者

魚を新鮮なまま保存する冷蔵倉庫は縁の下の力持ち

ヨコレイ（横浜冷凍《よこはまれいとう》）
松並《まつなみ》 勝《まさる》さん

編集部撮影

松並さんの歩んだ道のり

神奈川県藤沢《ふじさわ》市生まれ、川崎《かわさき》市育ち。岩手《いわて》で漁師をしていた親戚《しんせき》の影響《えいきょう》で子どものころから魚好きだった。学生時代は陸上部。アルバイトがきっかけで、短期大学の法学科を卒業後、ヨコレイに入社する。はじめは横浜に配属され、その後は青森《あおもり》、佐賀《さが》、名古屋《なごや》、大阪《おおさか》、埼玉《さいたま》と各地でさまざまなタイプの冷蔵倉庫業務を経験。現在、横浜市中央卸売市場内の山内《やまうち》物流センター所長。

暮《く》らしを支えるコールドチェーン

水産物や農産物、冷凍《れいとう》食品などさまざまな食品を、最適な温度、湿度《しつど》で品質を維持《いじ》して保管する。それが冷蔵倉庫だ。家庭での冷蔵庫の役割を社会全体の中で果たす存在、と考えればいいだろう。

ヨコレイこと横浜冷凍は、冷蔵倉庫国内2位の大手企業《きぎょう》だ。物流センターは全国43カ所、総収容能力90万トン以上を誇《ほこ》る。

ここ横浜市中央卸売市場の一角に、ヨコレイ山内物流センターがある。収納能力は4000トン。同じ横浜市にある大黒《だいこく》センターは3万3000トンだから、規模はごく小さい。

「でも、ヨコレイはここで始まったんです」

所長の松並勝さんが教えてくれた。

第二次大戦後の1948年、市場の関連業者たちが「日本の魚をこれからどんどん輸出しよう」と力を合わせて設立した会社が、ヨコレイなのだ。木造2階建て、800トンの倉庫からのスタートだった。

輸出は思ったほど成果を上げなかったが、国内の消費が飛躍的《ひやくてき》に伸《の》びた。1960年代には産地から店まで低温で鮮度《せんど》を保ったまま食品を運ぶ物流「コールドチェーン」が発達し、冷蔵倉庫は食生活を支える柱となる。

冷蔵倉庫は大きく分けて3タイプある。

①産地型　漁港や農産地で、水揚《みずあ》げされた魚や収穫《しゅうかく》物を保管する。

②港湾《こうわん》型　貿易港にあり輸入貨物を扱《あつか》う。

③消費地型　人口の多い大消費地に届く食品を保管する。

山内センターは消費地型倉庫である。「荷受《にうけ》（卸売《おろしうり》業者）さんが買いつけた商品をお預かりして、仲卸《なかおろし》さんにそろえてお出しするのが主な仕事です」

消費地型倉庫もいろいろだ。大黒センターでは24トンの巨大《きょだい》なコンテナが港からベルトコンベヤーでつぎつぎに送られていくが、「ここは注文が入ったらすぐ出せるように多品目のアイテムを少量ずつそろえています。だから手作業が中心ですね」と松並さん。

倉庫に入れるのと出すのを同時進行で

一日の業務はどのような流れなのか。

「荷受《にうけ》さんが買いつけた商品は、午前3時ごろから届き始め、魚市場の方がフォークリフト*で倉庫に運んでくれます。その商品を検品し、個数をチェックして、台帳のもとになる書類を手書きでつくります。それから管理番号の入った荷札を貼《は》り、倉庫に納めていきます。この『倉入れ』という作業を、午前4時から8時ごろまで行います」

せりや相対《あいたい》取引など、翌日の市場に出す品をそろえるのが午後2時ごろから。相対《あいたい》のオーダーは毎日500～600件あり、「サバ1ケース」といった細かいものが多い。仕分けした品には仲卸《なかおろし》の名前を書いた札を貼《は》る。この作業が終わるのは午後7時ごろだ。

ここで仕分けした品を指定された場所に置く作業が、翌日の午前1時半から2時半ごろまで。市場に来た仲卸《なかおろし》は、札の名前を見て自分が注文した品を持っていくという仕組みだ。

また、倉入れと同じ時間帯に、当日の追加注文の品出しがあり、これもやはり500件ほど。入れるのと出すのを同時にやっているわけだ。このほかに、冷凍《れいとう》機械の保守や運転、事務などの仕事もある。

＊フォークリフト　市場や工場で荷物を持ち上げたり積んだりできる自動車。

商品の検品のようす　　編集部撮影

時間でいえば午前1時半から午後7時まで仕事が続くことになるが、もちろん一人の担当者がずっと行うわけではない。それぞれの作業は3、4人のチームで行う。基本は8時間労働で、シフトが7パターンあり、出社時刻は日によって変わる。

「土日が休みという仕事ではありませんが、交代で休みを取るようにしています」

確実な仕事で食品を安定供給

山内センターの従業員15人のうち、女性は3人。冷蔵倉庫に入る作業はすべて男性が担う。どんなに屈強《くっきょう》な男性でも、マイナス25℃での仕事と聞けば体への負担が心配だろう。

「慣れるまでは大変です。でも体を動かしているので、みなさんが思うほど寒くはないんですよ。今は防寒着もよくなりましたし、マイナス30℃用の長靴《ながぐつ》を履《は》いて完全装備《そうび》です。また、入りっぱなしにならないように気をつけています」

マグロを保管する、マイナス60℃の超低温《ちょう》倉庫もある。そこでは、専用のカプセル型フォークリフトで作業するそうだ。

一般《いっぱん》に倉庫業では、現場の仕事は派遣《はけん》スタッフ中心で、管理をするのが社員というところが多いが、今、ヨコレイでは、ほぼすべての作業を社員が行っている。

「そこが、うちのこだわりです。わけへだてなく作業をし、みんなが倉庫の現場を自分の問題として考えます。管理をするのは、現場を知っている人間です」

また、ヨコレイは早くからフロンガスから自然冷媒《れいばい》に切《か》り替えを進めてきた。太陽光発電も積極的に導入している。

「冷蔵倉庫は縁《えん》の下の力持ちです。表舞台《おもてぶたい》で目立つ存在ではありませんが、生活になくて

倉庫の中は凍えるような寒さだ　　編集部撮影

はならないもの。自分や家族も含《ふく》め、最終的に人の口に入るものを管理していると思えば当然、安全、安心、おいしさを追求するようになります」

山内センターには全国から、そして世界中から魚が届く。ノルウェーやチリのサケなど、多くは冷凍《れいとう》品だ。しかし、魚は何といっても生がいちばんで、冷凍《れいとう》ものは質が落ちるのではないだろうか。

「それは技術が未熟だった昔《むかし》や、一般《いっぱん》家庭での冷凍《れいとう》の話。産地の市場で、あるいは船の上で急速冷凍《れいとう》する今の技術は、安全においしく魚を保存できます」と松並さんは胸を張る。

「工業品と違《ちが》って、魚には大量にとれる時期と、まったくとれない時期があります。旬《しゅん》に大量にとれても、食べきれなければ捨てることになってしまう。冷凍《れいとう》技術が、むだの出ない安定した供給を可能にしているんです」

魚は傷みやすい。保存するのに、古くから人びとは干物、粕漬《かすづけ》、氷漬《こおりづけ》けと工夫を重ねてきた。上手な冷凍《れいとう》は、腐敗《ふはい》の原因となる酵素《こうそ》の働きや微生物《びせいぶつ》の活動を止める。だから鮮度《せんど》を保って長期保存できるのだ。

「ふだん冷蔵倉庫は、話題になる存在ではありませんよね。それは、いいことなんです。何か問題があって話題になったら大変なことですから」

何事も起こらないよう、静かに確実に仕事をする。そのために、所長として情報伝達をしっかり行い、所員が何をしているのか把握《はあく》するよう、松並さんはいつも心がけている。

冷蔵倉庫業者の世界・なるにはコース

魚市場には欠かせない魚介の冷蔵——ここにもプロの目が光っている

専門知識がなくても最初はだいじょうぶ

冷蔵倉庫業者は、水産物を水揚《みずあ》げする漁港を中心に発達し、その後、農産物、冷凍《れいとう》食品と取り扱《あつか》う対象を広げてきました。大手による最新設備の大型倉庫が増え、中小の会社は生き残りが厳しくなっているのが現状です。冷蔵倉庫の大手は、食品会社や運送会社の系列企業《きぎょう》が中心で、ドキュメント6で登場したヨコレイのように、単独で事業を展開しているのはめずらしいケースです。

採用では、大学の学部に制限はあまりありませんが、やはり水産系の大学、高校を出た人は一定数います。食品関係、流通に興味があって入社する人も大勢います。機械の管理をするので、機械科、電気科などで学んだ人は、スタートは有利かもしれません。しかし、

フォークリフトの免許は必須だ　編集部撮影

入社してからでも十分勉強はできます。

特別な資格も、入社の時には必要ありません。仕事を始めると、まずはフォークリフトの免許《めんきょ》が必要になるので、数日の講習を受けて取得します。その後は仕事の必要に応じて、「冷凍《れいとう》機械責任者（冷凍《れいとう》にかかわる保安業務を行う資格）」や「通関士（輸出入の税関手続きを代行する資格）」などの資格を、働きながら取ることになります。

食べることが好きだと仕事が楽しめる

ドキュメント6で登場した松並さんがこの仕事を選んだのは、学生時代のアルバイトがきっかけでした。じっと座っている仕事より体を使う仕事が好きな自分に向いている、と感じたそうです。また、松並さんは、もともと魚好き。見るのも食べるのも大好きでした。岩手でイカ釣《つ》り漁を営む親戚《しんせき》がいて、船に乗せてもらった経験もあり、水産物は身近なものでした。

「やはり、扱《あつか》う商品に興味があったほうが、楽しく仕事ができますよね。そのせいか、うちの会社は食べることが好きな人ばかりです」

そして、物流の仕事はチームワークで行うため、協調性が大事です。自分だけできればいい、という感覚では、結局成果は上がりません。そしてリーダーとしてステップアップするためには、どうすればセンターがよくなるか、効率が上がるか、みんなが楽しく仕事ができるかを考えるのが早道です。

全国各地にたくさんの倉庫をもつ企業《きぎょう》の社員である以上、転勤はつきものです（転勤をともなわない働き方も選択可）。松並さんも漁港、農産地、大都市、物流拠点《きょてん》と、さまざまな場所を経験してきました。別れは寂《さび》しくても「転勤なんかしたくなかった」という気持ちでつぎの任地に行けば、それは相手にも伝わり、いい関係が築けません。日本各地の食文化の違《ちが》いを肌《はだ》で感じ、その土地ならではのおいしいものに出合える――そんなふうに転勤を前向きにとらえると、仕事も生活もうまくいくようです。これまでに住んだ土地のおいしいものを取り寄せて、なつかしく味わえるのも、転勤族ならではの楽しみです。

体力と持久力は欠かせない

基本的には肉体労働なので、体力は第一条件です。ヨコレイの場合は、通りいっぺんの研修ではなく、社員が現場の作業をしっかり担います。限られた時間の中で、正確に作業をこなすのは、たやすいことではありません。

下積み期間が長いことは、理解しておく必要があります。学生時代とは生活時間が大きく変わり、体もなかなか慣れず、地道な作業のくり返しが中心です。「若いうちから自分の裁量でバリバリ大きな仕事をしよう」というつもりでいると、「なんてつまらないんだ」と、心が折れてしまうかもしれません。しかし、しばらく辛抱《しんぼう》して、とにかく体を動かしてみましょう。この下積み経験が、後々の引き出しの多さにつながるのです。

持久力、自己コントロール能力のある人は、適性があるといえるでしょう。松並さんは、学生時代に陸上部で長距離《ちょうきょり》選手でした。黙々《もくもく》と同じことをくり返す中で知識、技能を深めていく。地道な積み重ねの先にある喜びを知る。そんな人におすすめの仕事です。

ドキュメント 7 せり人

せりの魅力は何といっても人間が主役であること

横浜丸魚《よこはままるうお》
滝《たき》澤《ざわ》 隆《たかし》さん

滝澤さんの歩んだ道のり

仲卸《なかおろし》での経験を積んだ後、卸売《おろしうり》会社に転職。市場関係者からは「タッキー」の愛《あい》称《しょう》で親しまれている。しかしいったん仕事となれば、真剣《しんけん》そのもの、厳しい一面ものぞかせる。年に数回は、各地の荷主《にぬし》のもとへも出かけていく。根っからのせり好き。仕事のおもしろさがようやくわかってきたと話す。家庭では3児の良き父でもある。子どもたちもみんな魚好き。

鐘《かね》の音がせりの開始を告げる

魚市場では、せり人が大きな声を張り上げて、仲卸《なかおろし》業者や売買参加者とのあいだで魚の価格を決めるせりが行われる。ここでせった魚はいちばん高い価格を提示した人が手に入れることができる。そんなせりの場を仕切るのが「市場の花形」ともいわれるせり人だ。もっとも市場らしい活気と、人と人の真剣《しんけん》勝負の張りつめた空気がせりの時間を支配する。

今回登場するせり人は滝澤隆さん。せり人はせりだけを行う職種なのかと思っていたが、そうではない。卸売《おろしうり》会社の横浜丸魚の社員であり、産地の荷主《にぬし》（出荷業者）から魚介《ぎょかい》を集荷し、せりを行い、相対《あいたい》取引を通して買受人《かいうけにん》（仲卸《なかおろし》や売買参加者）に販売《はんばい》するオールラウンドの活躍《かつやく》が期待されている。

「横浜市中央卸売市場の場合、せりは『大物』、『鮮魚《せんぎょ》』（関西・近海）、『特種』、朝どれの平塚《ひらつか》、鎌倉《かまくら》、小坪《こつぼ》などの『追っかけ』のせりを行います。鮮魚《せんぎょ》と特種は1週間ごとに順番を替《か》えて午前4時半に、大物は5時50分に開始します。追っかけは水揚《みずあ》げの時間しだいですが、6時から7時くらいのあいだに随時《ずいじ》行われます。せりの品目は、マグロを含《ふく》め鮮《せん》魚《ぎょ》の一部のみが対象です。私は特種の品目のせりを担当しています」

滝澤さんは営業一部特種課に所属する。特種課とは、鮮魚《せんぎょ》でも全国各地から集められたすし種《だね》に使用される魚介《ぎょかい》や横浜の子安《こやす》、小柴《こしば》、本牧《ほんもく》、金沢《かなざわ》の各漁港で水揚《みずあ》げされた魚介《ぎょかい》を扱《あつか》う部署になる。

せり物品は、毎月決められている。たとえば、6月だとキス、カサゴ、クロメバル、ダルマイカ、タチウオ、コハダ、アマダイ、カマス、エボダイ、マナガツオ、シマアジ、マコガレイ、アカイカ、タカベとなる。産地は、神奈川県沖《おき》、東京湾《わん》、伊豆《いず》七島方面、銚子《ちょうし》や勝浦《かつうら》、駿河《するが》湾沖《わんおき》の太平洋沿岸が中心だが、有《あり》明《あけ》海のコハダのように毎日空輸で運ばれてくる品もある。

ウニやカニ、エビ、貝類、塩干や合物《あいもの》、水産加工品などの商材は、せりは行わず相対《あいたい》での取引になっている。

指の動きを瞬時《しゅんじ》に読み取る

それでは、せりのようすを見てみよう。場内アナウンスでせりを案内する放送があり、仲卸《なかおろし》や売買参加者がせり場に集まり出す。滝澤さんがせり台に上がって鐘《かね》を鳴らす。

7月中旬《ちゅうじゅん》、夏のこの時期は魚の量がいちばん少ないといわれる。せり場には魚種にして25種類ほどの魚介《ぎょかい》が並《なら》んでいた。せりにかけられるのは、そのなかの決められた種類でほかのものは相対《あいたい》での交渉《こうしょう》となる。発泡《はっぽう》箱には魚種と産地が書かれ、せりにかけられる番号が1から順にふられている。買受人《かいうけにん》たちは、前もって下づけ（下見）をしているので、何番をいくらでという値づけは頭に入れてある。

午前4時30分。滝澤さんが最初のせり品目の魚種と番号を告げて、その日のせりは始まる。

「横浜市中央卸売市場では、鮮魚《せんぎょ》1キロ当たりの金額を指のサインで示し、いちばん高い値をつけた人がせり落とします。この方法を『手やり』といいます。言葉でいくらと告げるものではありません。声を出すのはせり人だけで、金額の示し方は、1から9までの指のかたちが決められています。二けたになると2回続けて指で数字を表します」

緊張感あふれるせり。勝負は一瞬で決まる

たとえば、2500円の値をつけるのであれば、指2本と指を開いた状態の5本の2回の手の動きで示すことになる。すばやい指の動きで見逃《みのが》したり、見間違《みまちが》えたりということはないのだろうか。

「数字を表すサインは同じでも、手やりの仕方には個性が出ます。それぞれのクセを把握《はあく》しておくことも必要です」

観察していると、極端《きょくたん》にサインのはやい人もいれば、タイミングをずらして物陰《ものかげ》からこっそり出す人もいるので集中は切らせない。

せりが成立すると、せり人は買受人《かいうけにん》の屋号（社名）を告げる。それをせり人のとなりにひかえる担当者が価格とともに下づけ帳に記入する。

「せりは通常10～15分で終わります。秋から冬にかけては魚種も多くなり、せり場に活気が戻《もど》ってくるのもこの時期です。せりの時間には、凝縮《ぎょうしゅく》された人間ドラマがあります」

せりは、目利き相手にせり人の技量が試される時でもある。10秒とかからず、勝負は決まる。せり人の掛《か》け声とその場の仕切りがせりのリズムをつくっていく。刺《さ》すか刺《さ》されるか、買受人《かいうけにん》の手やりも熱を帯びてくる。テンポよく進行できるかどうかも、せり人の腕《うで》ひとつにかかっている。

せり台を降りれば、滝澤さんは仲卸《なかおろし》や売買参加者との相対《あいたい》に戻《もど》る。同時に携帯《けいたい》片手に荷《に》主《ぬし》と翌日分の集荷交渉《こうしょう》を行い、せり場に来られないお客の注文もとる。せり場から会社に移っても、午前中は集荷や注文の対応に追われる。産地の荷主《にぬし》には、何がいくらで売れたという「売り報告」もしなければならない。

相対での交渉成立。相場観を養うため、毎日が真剣勝負

魅力《みりょく》ある市場にせりは必要

せり人は、公正で中立でなければならない。同時に、魚の品質・価値がわかっていなければ

ば、買受人《かいうけにん》相手にせりや相対《あいたい》の駆《か》け引きは行えない。魚を見る目がなければ、荷主《にぬし》の信頼《しんらい》も得られない職種なのである。

卸売《おろしうり》市場には、毎日、全国各地の魚種が運ばれてくる。せり人は、その日の需要《じゅよう》と供給のバランスを考えて、どのくらいの価格でせりが動き出すか見当をつける。今この魚だったらいくらの価格が妥当《だとう》かという「相場観」の見極めが欠かせない。

せり参加者のあいだで相場が暗黙裡《あんもくり》に共有されていれば、価格が飛びぬけて高くなったり、極端《きょくたん》に低くなったりすることはない。しかし、せり人の想定を下回る低い価格が提示された時は、せり人の判断でその物品はせり不成立にもできる。そこには荷主《にぬし》に損害を与《あた》えてはいけないという判断も加わる。

「魅力《みりょく》のある魚がせり物品として、価値を認められて高値で取引された時は、荷主《にぬし》もわれわれもその日は気分よく終われます。でも、極端《きょくたん》に品薄《しなうす》の時や大量に出回っている時など値幅《ねはば》は大きく動きます。品薄《しなうす》のものを買受《かいうけ》人《にん》が競えば、コハダ１キロ４００円だったものが２０００円以上に跳《は》ね上がることもあります。その逆もあるので、リスクをともないます。それがせりのスリルであり魅力《みりょく》です」

相対《あいたい》だけになったら、市場の魅力《みりょく》が半減してしまうと、滝澤さんは将来を心配する。

「魅力《みりょく》ある市場にするには、多くの魚種を産地から集めて、魚の価値を上げることです。『きょうは何があるの？』と毎日買受人《かいうけにん》が待ってくれるようにならないといけません。せりはこれからも力を入れてやっていきますよ。手やり一発でスパッと決まった時の爽快《そうかい》感は、せり人にしかわかりませんから（笑）」

せり人の仕事——魚介を公正・中立に売りさばくプロ

せりの種類は地域によりさまざま

せり人になるためには、卸売会社《おろしうり》へ入社するのが先決となります。卸売業者《おろしうり》（42ページ）にはたくさんの仕事があります。そのなかの横浜市中央卸売市場の卸売業者《おろしうり》のひとつ横浜丸魚では大物課、鮮魚課《せんぎょ》、特種課がせり人をかかえている部署になります。東京都《とうきょうと》中央卸売市場《ちゅうおうおろしうり》（築地市場《つきじ》）のように大きな規模の市場や、福岡市中央卸売市場《ふくおかしちゅうおうおろしうり》のようにせりに力を入れている市場では、より多くのせり人が活躍《かつやく》しています。

せり人になるためには、卸売業者《おろしうり》で一定期間の実務経験を積んでから、開設者である都道府県や市が取り行う市場業務に関する法令や専門的・実務的知識に関する筆記試験と面接試験に合格する必要があります。各自治体により、また、産地市場（地方卸売市場《おろしうり》）

「追っかけ」のせり場のようす

か中央卸売市場《おろしうりしじょう》かによっても認定方法が異なります。

せりの種類は、横浜では「一発せり」といわれる方式です。いちばん価格の高い人がせり落とします。「上げせり」という方式は、オークション形式で値段を上げていって価格を競わせます。中央卸売市場《おろしうりしじょう》では、指で数字を表して価格を提示する方法が一般《いっぱん》的ですが、産地市場では、せり参加者が口頭で値段をいう「口せり」や、小さな紙や黒板に欲しい量と値段を書いてせり人に渡《わた》す「入札」方式も多くとられています。

せり人は仕入れから販売《はんばい》まで担当

横浜市の場合、せり人になると証明書「せり人登録証」と、帽子《ぼうし》につける「せり人章」

が与《あた》えられます。せりに立つ時は必ずせり人登録証を携帯《けいたい》し、せり人章バッジを帽子《ぼうし》につけてせり台に立たなくてはいけません。

卸売《おろしうり》業者は、荷主《にぬし》から魚介《ぎょかい》を集荷するさいに委託販売《いたくはんばい》という形をとります。一方で買付販売《はんばい》という方法もあります。前者は、あくまでも魚を預かって、それを販売《はんばい》し現金にかえるシステムです。通常、販売《はんばい》価格から手数料と諸経費をさし引いた分が、荷主《にぬし》に支払われます。買付販売《はんばい》は、荷主《にぬし》に損をさせるのを事前に避《さ》けるなどのために荷受《にうけ》が買い取り、それをせりや相対《あいたい》取引で販売《はんばい》します。

取引の一例をサンマで説明しましょう。産地の荷主《にぬし》から「サンマが××トン揚《あ》がるけど、そちらではいくらで売れますか」と聞かれます。荷受《にうけ》が1キロ600円で利益が確保できると判断したとします。水揚《みずあ》げした先の浜値（産地市場の価格）が400円であれば、荷《に》主《ぬし》も利益が見込《みこ》めるので、委託販売《いたくはんばい》で商品は送られてきます。しかし、荷受《にうけ》が400円で手に入れたい時に浜値が600円となると、荷主《にぬし》は利益が見込《みこ》めません。そのような場合には双方《そうほう》が駆《か》け引きをして、価格の落としどころを探ることになります。どちらかが損を承知で、荷を引き渡《わた》す（引き受ける）こともあります。そんな商売のかじ取り役も、荷受《にうけ》であるせり人は果たさなくてはなりません。

抜擢《ばってき》された人のみ、せり台に立てる

ドキュメント7に登場した滝澤さんは、卸売業者《おろしうりぎょうしゃ》で働く前は川崎市中央卸売市場《かわさきしちゅうおうおろしうりしじょう》北部市場の仲卸《なかおろし》業者で働いていました。そこで7年間、仕入れや加工の仕事を経験した後、卸売《おろしうり》業者に転職。実務経験を3年間積んで、せり人の資格を取りました。せり人の資格はあっても、実際にせり場に立つ人は限られます。卸売《おろしうり》業者では、その人のやる気や資質、向き不向きなど総合的に判断して、せり人に抜擢《ばってき》されることになります。

せり人の仕事を覚えるために、滝澤さんは見習い期間中、買受人《かいうけにん》の立つ位置を把握《はあく》していたそうです。30人前後の買受人《かいうけにん》はいつもだいたい決まった場所に立ちます。また、魚の好みや価格のつけ方など傾向《けいこう》もわかっていれば、瞬時《しゅんじ》の判断の助けになります。

せり人も昼と夜が逆転の仕事です。それでも、人が働いている時に好きなことができる利点もあります。昼食は自宅でとり、学校から帰ってきた子どもと過ごせる時間も長くなります。状況《じょうきょう》をポジティブに考えることがこの仕事を長くやっていく秘訣《ひけつ》といえます。

「なにごとも最初は見込《みこ》み通りにはいきませんから、失敗も経験のうちとわりきって深刻にならないことです。会社に損をさせてしまうこともありますよ。それでも次回、取り返せばいいくらいの気持ちの切り替《か》えも大切です」と滝澤さんは話してくれました。

ドキュメント 8 グローバル営業

市場のよさと市場外の視点 両方を活かしたビジネス

横浜丸魚《よこはままるうお》 五月女《さおとめ》祐一《ゆういち》さん

編集部撮影

五月女さんの歩んだ道のり

神奈川県横浜市生まれ。少年時代から釣《つ》りが趣味《しゅみ》だった。大学の経済学部を卒業後、地元での就職を希望して横浜丸魚に入社する。営業二部冷凍《れいとう》課に所属し、輸入冷凍《れいとう》エビの仕入れ、販売《はんばい》を担当している。市場ではせり人の資格ももつ。愛車はハーレーダビッドソン。水産関係の会社に勤務する妻、3歳《さい》の娘との3人家族。

会社で着《き》替《が》える理由

　横浜丸魚で冷凍《れいとう》エビを扱《あつか》う五月女祐一さんは、会社で衣装《いしょう》替《が》えをする。作業着に前掛《まえか》け、長靴《ながぐつ》の「市場の男」スタイルから、「スーツにネクタイ」に変身するのが日課だ。

　五月女さんがとびぬけておしゃれだから、ではない。仕事上の必要があるのだ。

　早朝に出勤すると、作業着の五月女さんは魚市場の仲卸《なかおろし》業者や買参人《ばいさんにん》に商品を勧《すす》める。社員食堂で朝食をとり、午前7時過ぎに事務所に戻《もど》って売り上げ入力などをすませると、世間の会社員が出社したころから、電話で売り買いの交渉《こうしょう》。それからスーツに着替《きが》えて、外に商談に出かける。行き先は、大手水産商社や外食産業、スーパーマーケットなど。東京の魚市場で情報収集することもある。

日本で消費するエビは、9割が輸入もの。バナメイエビ、ブラックタイガーは東南アジアやインド、甘《あま》エビはロシア、北欧《ほくおう》などから冷凍《れいとう》で届く。だから荷主《にぬし》は日本の産地ではなく、海外でエビを買いつける商社だ。そして売り先は、市場外のスーパーや外食産業が多い。この営業二部冷凍《れいとう》課は、市場外のおつきあいが大きな割合を占《し》めるのである。

　魚市場の中と外では、言葉遣《ことばづか》いも変わる。

「市場では、ざっくばらんに。仕事はきちっとしますが、言葉はちょっと乱暴なくらいに元気でないと、仲卸《なかおろし》さんたちといいコミュニケーションができません。でも、市場のノリを外の世界にもっていくと、ビジネスマナーに反してしまう。だから商社の人などとはふつうの会社員らしくていねいに話します」

　市場の中と外、どちらも大切でおもしろい

と、五月女さんは言う。

自分の裁量で取引するおもしろさ

「会社に入るまで、エビがこんなに輸入されているということも知りませんでした」

ある日、就職活動中の五月女さんの目にとまったのが、横浜丸魚の募集要項《ぼしゅうようこう》「勤務時間　4時〜正午」だった。「なにこれ、おもしろそう」。釣《つ》りが趣味《しゅみ》で魚が好き、地元で働きたかった五月女さんは「魚市場の男」になって鮮魚《せんぎょ》を扱《あつか》うのもいいな、と応募《おうぼ》する。ところが配属された冷凍《れいとう》課は、予想とずいぶん違《ちが》う仕事だった。

五月女さんの先輩《せんぱい》である工藤大輔《くどうだいすけ》さんは、こう説明する。

「鮮魚《せんぎょ》の場合、毎日入荷する品が違《ちが》い、値段が動きます。昨日はアジがあったけど今日はないよ、というのはふつうですね。それに対して僕《ぼく》らの仕事はもっと長期的です。冷凍《れいとう》エビは商社が冷蔵倉庫にコンテナで保管しています。それを、値段の動きを読んで発注し、お客さんに年間を通して最適な形で安定供給します。そのために海外の情勢把握《はあく》は欠かせません」

エビ取引は、かつては日本が主導権を握《にぎ》っていた。しかし今はアメリカや中国《ちゅうごく》が高くエビを買うようになり、日本は提示した値段が安くて買えない「買い負け現象」が起きている。ただどんな状況《じょうきょう》であっても、エビのメニューがある外食産業、たとえばファミリーレストランなどにとっては、「買えませんでした」ではすまされない。

相場をにらみ、情報収集して裏を取り、「今が買い時だ」と判断すれば大量発注する。

買おうとするお客さんに対して「今は買わないほうがいいですよ。来月安くなりそうですから」と言うこともある。長期保存のできる冷凍《れいとう》エビは、投機的な面もある商品なのだ。

これは、五月女さんにとってはうれしい誤算だった。

「もともと為替《かわせ》や株式、先物《さきもの》取引などに興味があって、大学は経済学部だったんです。ここで専攻《せんこう》が活かせるとは思っていませんでした」

若いうちから大きな金額の取引を任せてもらえることにも「プレッシャーもありますけど、ワクワクします」。冒険《ぼうけん》好きな明るい性格は、この仕事の適性だった。

ちなみに五月女さんと工藤さんには「カワハギ釣《つ》りとツーリングが趣味《しゅみ》。魚好き。満員電車に乗りたくない」といった共通点がある。朝4時に車で出勤する生活は、むしろ快適だと口をそろえる。

買いつけるだけでなく、販売《はんばい》

売り買いの交渉は電話で行う

のための提案力も必要だ。天ぷら店に「伸《の》ばしエビ（殻《から》をむいて筋切りし、まっすぐにしたもの）」を勧《すす》めたり、スーパーに上質な半製品のエビフライを納入したり、流行の食材について情報提供したり。スーパーで買い物することや、食卓《しょくたく》での家族とのおしゃべりからも、仕事のアイデアは生まれる。

お客さんに最適な品を、的確なアドバイスをして売り、満足してもらう。その積み重ねで信頼《しんらい》を得ることが、結局は利益につながる。グローバルなビジネスの視座をもちつつも、人間対人間のつながりが基本だという点では、やはり魚市場の荷受《にうけ》だ。

食を守るための情報発信も

取材時、五月女さんはバングラデシュ出張から戻《もど》ったばかりだった。人工のえさを与《あた》えず、自然に近い環境《かんきょう》でブラックタイガーを育てる、完全粗放養殖《そほうようしょく》の視察が主な目的である。

先輩の工藤大輔さん

「バングラデシュは世界最貧国のひとつですが、エビ養殖《ようしょく》事業者はとても誇《ほこ》り高く仕事に取り組んでいました。『ヨーロッパではわれわれのエビをオーガニックだからと評価して、高く買ってくれる』と言って、日本は相手にしていない。これはショックでした」

日本はどうしても価格が優先し、おまけに

「殻《から》をむいて」「頭を取って」と注文が多い。横浜丸魚でも、仕入れたエビの多くは加工業者に出し、殻《から》をむいたり、ボイルしたり、付加価値をつけている。しかし「安くて便利」を追求するだけでいいのだろうか、という疑問が、工藤さん、五月女さんにはある。

「僕《ぼく》らの仕事には、食を守るという使命もあると思うんです。効率は悪くても、自然に近い育て方をしたエビは、やはり質が高い。ヨーロッパのように、オーガニックの価値をお客さんにわかってもらう努力をしなければ、と思っています。質のいい商品を扱《あつか》うほうが、僕《ぼく》らも気持ちがいいです。また、中国やアメリカのように、丸ごとそのままのエビにかじりつく食文化も、紹介《しょうかい》してみたいですね」

（工藤さん）

自社製品を売る営業ではない。だから、自分の才覚でいい商品を探してこられるのも、この仕事のおもしろいところだ。商社と商社のあいだに入って品物を取り次ぐこともあれば、お客さんの分野に参入してライバルになってしまうこともある。

そんな、荷受《にうけ》という一筋縄《ひとすじなわ》ではいかないポジションを、二人とも真剣《しんけん》に楽しんでいる。

グローバル営業の世界・なるにはコース

マーケットの風を読む
――世界に目を向けた経済の目利き

コミュニケーション能力が大事

卸《おろし》売《うり》業者の営業は、扱《あつか》う商品によって仕事のスタイルが違《ちが》います。冷凍《れいとう》課の場合は、市場外の仕事が多く、一般的《いっぱんてき》な「営業部の会社員」らしい部分が大きな割合を占《し》めます。

ドキュメント8で登場した五月女さんは大学の経済学部、工藤さんは政治経済学部を卒業して入社しました。日々市況《しきょう》を見ながらお金とモノを動かす仕事は、経済に興味のある人にはおもしろいでしょう。

しかし、大卒社員の学部はさまざまで、特に専攻《せんこう》は問われません。高卒で入社する人もいます。何を勉強してきたかにかかわらず、早くから自分の判断で売り買いを任されます。ですから、自主性とチャレンジ精神は欠かせません。

「この仕事は資格や大学の専攻《せんこう》は関係ありませんが、性格という面では、人を選ぶと思います。人と話すことが好きな人に向いている仕事です」と五月女さんは言います。

商社の担当者、同業者、仲卸《なかおろし》、スーパーマーケットや外食産業の担当者、そして社内と、さまざまな立場の人と話し、情報の収集や提供をしながら、商談をまとめます。そこでは、もちろんデータと分析《ぶんせき》も大切ですが、「あなただから売るよ」という、人とのつながりが仕事を大きく左右します。グローバルにビジネスを展開する商社マンとわたりあい、「昔《むかし》は結構やんちゃだった」という魚市場の年配の人に可愛がられる――それは、自分を偽《いつわ》ってうまくやろうとするのではなく、他者の立場を理解し、明るく正直に仕事をすることで

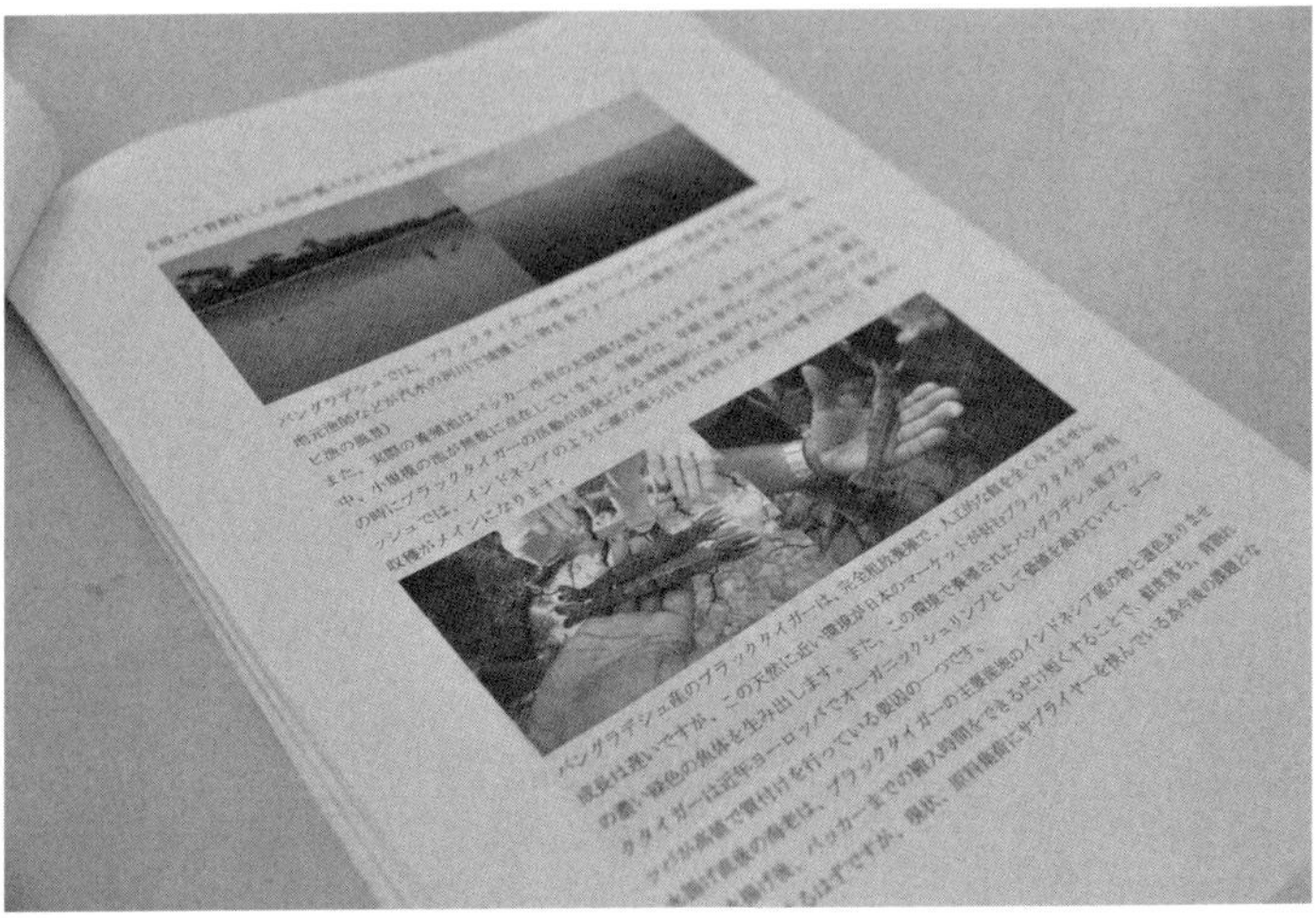

五月女さんがまとめた海外出張のレポート

可能になります。

食材への探求心をもとう

「仕事を続けるうえでは、扱《あつか》う食材に探求心をもってほしいですね」と工藤さん。たとえば同じブラックタイガーでも、産地によって鮮度《せんど》も味もまったく違《ちが》います。いつも好奇心《こうきしん》をもって、商品知識を深めれば、適切な発注と販売《はんばい》ができます。

お客さんとの何気ない会話から、潜在的《せんざいてき》なニーズを読み取り、具体的な提案をすることは、営業の大事な仕事です。「食」という生活の基本を扱《あつか》っているので、自分自身が生活者として充実《じゅうじつ》した毎日を送っていれば、いい提案につながるでしょう。その点では、「午前4時から正午」という勤務時間はちょっと気になるところ。しかし五月女さんも工藤さんも「満員電車に乗らないですむ」「混まない時間を趣味《しゅみ》や買い物にあてられる」と、利点に感じているようです。

残業はありますし、特に年末は目の回るような忙《いそが》しさ。それでも、早く出た日は午後の営業はほかの人に任せるなど、チームの中で融通《ゆうずう》しあって休むようにしています。

二人とも子育て中の父親ですが、晩ご飯はいつも家族といっしょです。朝は暗いうちに家を出ても、夜遅《おそ》く帰ってくるお父さんたちよりは、長く子どもと過ごせているようです。

それにしても、結婚《けっこん》前の交際期間には、時間帯が違《ちが》うことで危機はなかったのでしょうか。

「そこは、がんばるしかないです」（工藤さん）。

「がんばりました。眠《ねむ》くても、相手に合わせて」（五月女さん）。

力強く言い切りました。

魚市場らしくない市場の仕事も

市場の建物の4階に、横浜丸魚のオフィスはあります。ドアを開けると、そこは大画面のパソコンが並《なら》ぶ、ごくふつうの会社風景です。「魚市場で働く」といっても、総務課、マーケティング課、経理課、情報システム課といった、それほど「魚市場らしく」はない部署もあります。こうした事務系の仕事の勤務時間は、8時から16時です。

同じ会社でも、仕事内容によって出社時刻、退社時刻がまったく違《ちが》うので、全員がオフィスにそろうということは、まずありません。入れ代わり立ち代わりで、仕事を進めていきます。こういう職場ですから、チームワークは大事にしながらも、人間関係はさっぱりしています。

人にもたれかからず、失敗を恐《おそ》れず、自分で仕事を開拓《かいたく》しようという人には、やりがいを見つけられる職場だといえるでしょう。

「魚市場」を楽しもう

選ばれる市場をめざして魚市場発のイベントを仕掛ける

自分たちが変わらなくちゃ

中央卸売市場《おろしうりしじょう》が、より開かれた選ばれる市場へと脱皮《だっぴ》を図っている。「これぞ市場！」という存在感をアピールできれば、市場は再び活気を呼び戻《もど》せる――そんな期待のもとスタートした「横浜市中央卸売市場」（水産物部）の試みを紹介《しょうかい》しよう。

その試みのひとつに、一般《いっぱん》の消費者向けの「市場開放日」がある。ふだんは立ち入れない仲卸店舗《なかおろしてんぽ》で買い物をしてもらい、魚市場の雰囲気《ふんいき》を味わってもらおうというもの。お楽しみは、買い物だけにとどまらない。

「ハマの市場を楽しもう！」の合言葉のもと、魚河岸汁《うおがしじる》（魚介《ぎょかい》がふんだんに入った汁）のサービスやマグロ解体ショー、マイナス40℃のマグロ超《ちょう》低温冷蔵庫体験もある。さらに、

一般開放日にはぜひ市場へ！

お魚マイスター（魚食普及《ふきゅう》のための資格保持者）による調理講習や仲卸《なかおろし》店主の指導のもと魚のさばき方教室などのイベントが目白押《めじろお》し。

限られた時間なので、一回ですべてを体験しようと思っても無理。何度か足を運ぶうちに、「市場や魚のことを少しずつ知ってもらいたい」との主催《しゅさい》者側のねらいもあるようだ。毎月第一・第三土曜日の朝9時から11時まで行われている。

これまでは、卸売《おろしうり》市場は閉鎖《へいさ》的といわれることがあった。どんな人がどんな仕事をやっているのか、知らなかったし、また知らせる必要もなかった。卸売《おろしうり》市場のもつ役割や機能なども積極的に発信することはしてこなかった。加えて、近年の市場外流通の拡大も懸念《けねん》

人気企画のひとつ、魚のさばき方教室の受け付け風景

材料のひとつになっている。

現状の「市場《いちば》離《ばな》れ」を食い止めるために、市場みずからがさまざまな改革も進めている。横浜の魚市場の食の安全・安心のこと、地元でとれる魚のこと、横浜はじめ神奈川で魚をとる漁師のことなどを情報発信していこうとなった。その牽引《けんいん》役となっているのが、横浜市中央卸売市場の仲卸《なかおろし》でつくる横浜魚市場《よこはまうおいちば》卸《おろし》協同組合や荷受《にうけ》（卸売《おろしうり》業者）である。

「実は、一般《いっぱん》のお客さんに向けた試みでもありますが、これは自分たち自身が変わらなくてはいけないという危機感の表れでもあるのです」と話す市場関係者の声をよく耳にする。

これまでは黙《だま》っていても、たくさんの買付人が集まり、市場には荷（水産物）が大量に集まり、いわば魚は右から左へ飛ぶように売

一般客でにぎわう市場開放日

れていった。しかし、それも昔《むかし》の話。

最近では、水産漁獲《ぎょかく》量は減少傾向《けいこう》が続き、消費地卸売《おろしうり》市場を経由する取引も少なくなっている。消費者の魚離《さかなばな》れも現実問題として横たわる。この危機的状況《じょうきょう》に一石を投じたいとの強い気持ちが組合や荷受《にうけ》の活動を後押《あとお》ししている。

夢《ゆめ》に向かって休まず継続《けいぞく》

横浜魚市場卸協同組合が荷受《にうけ》とともに策定する経営ビジョンでは「地場魚集荷力の強化」が掲《かか》げられた。早朝に県内漁港で水揚《みずあ》げされた魚を当日のせりにかける「追っかけ」に力を注ぐことが活動の柱のひとつになっている。

それと同時に、東京湾《とうきょうわん》と相模湾《さがみわん》で漁を行

神奈川の地魚が並んだ大さん橋マルシェ

う神奈川県内の漁港との連携《れんけい》を深めて、地元でとれる魚に市場関係者をはじめ、消費者にも関心をもってもらうことを目標に掲《かか》げた。

その第一弾《だん》として、２０１６年夏に地産地消＊をＰＲする「ミニのぼり」を作製した。のぼりには、県内７つの漁港（本牧・小柴・横《よこ》須賀《すか》東部・松輪《まつわ》・長井《ながい》・平塚・小田原《おだわら》）の名前が書かれている。これらを消費者に目にとめてもらうために、県内約６００カ所のスーパーマーケットや鮮魚《せんぎょ》店、飲食店に配布した。

また、「横浜市中央卸売市場発、かながわの魚が食べたい！」と銘打《めいう》ったチラシを各種イベント会場で配布する。市場で仕入れた神奈川の地魚を食べられる県内の飲食店や鮮魚《せんぎょ》店を紹介《しょうかい》したものだ。このように地元漁港の知名度を高め、神奈川でとれる魚を知っても

＊**地産地消**　私たちの生活に身近なところで生産されたもの（地産）を食べること（地消）。

らうことで、消費者の購買《こうばい》動機につなげる、あの手この手の仕掛《しか》けづくりを行っている。「大《おお》さん橋《ばし》マルシェ」という横浜港の大さん橋のエプロン（岸壁《がんぺき》）や大さん橋ホールを会場にしたイベントも、仕掛《しか》けづくりのひとつ。

第3回目となる2017年7月末の開催《かいさい》では、大さん橋ホールが会場となり、神奈川の地魚が陳列棚《ちんれつだな》に並《なら》べられた。また、地元のみなと寿司《ずし》の協力のもと、神奈川の魚を使ったすしも販売《はんばい》され、暮《く》らしの身近にある貴重な食材を知ってもらう、よい機会になった。

荷受《にうけ》や仲卸《なかおろし》の社員が横浜市中央卸売市場のブースにひかえ、子ども連れのファミリーや若い女性グループに魚のレクチャーをする光景もほほえましいものだった。

「魚市場の買参人《ばいさんにん》でもあるみなと寿司さんの握《にぎ》りに地魚を使ってもらいました。来場者には『市場開放のハマの市場を楽しもう！』のチラシもお渡《わた》ししました。日ごろ市場を利用してくださる買参人《ばいさんにん》や買出人《かいだしにん》をはじ

朝どれの魚を袋いっぱいにつめる市場開放日の催し

魚河岸汁のサービスを手伝う横浜丸魚の小島さん

め、地元漁師や漁協の方にも、生産者と消費者の橋渡《はしわた》し役の卸売《おろしうり》市場への理解を得られればよいと思っています」とは荷受《にうけ》担当者の言葉。

「今回は外部機関との垣根《かきね》を超《こ》えた『協創《きょうそう》』の精神で開催《かいさい》にこぎつけることができましたが、また次回、何が飛び出すかわからない、未知の扉《とびら》を開けていけたらと思っています」

と今回のイベントを陰《かげ》で支えた市場関係者は話してくれた。

できることから始めてみる

卸売《おろしうり》業者・横浜丸魚の小島雅裕《こじままさひろ》さんは、総務の仕事のかたわら、せり場でその日のとっておきの話題に写真を添《そ》えて、自社ホームページで、「旬《しゅん》の食材ブログ」を連載中《れんさいちゅう》だ。また、市場開放日や市場が協力するイベントに荷受《にうけ》の社員がサポート役を務める姿をよく見かける。そういえば、市場開放日の朝どれ魚の袋《ふくろ》つめ放題のコーナーには、荷受《にうけ》のせり人の姿もあった。

「身近な神奈川の地魚に興味をもってもらい、食べてみたいなと思ってくれたら最高です。そして、市場が果たしている役割を少しでも理解していただけたら、ほんとうにうれしいです」と笑顔《えがお》で語ってくれた小島さん。

市場開放日に一度参加すると、次回はあの店であれを買おう、そのつぎはこれをしようとなる。魚のさばき方教室も、さばく魚の種類は毎回変わるので1回では終われない。仲《なか》卸《おろし》の人たちは親切で、魚介《ぎょかい》のことなら何でも教えてくれる。マグロはマグロ、鮮魚《せんぎょ》は鮮魚《せんぎょ》、干物や加工品は専門店の人に聞けばよい。

市場探検できる場所は、横浜に限ったことではない。近くの中央卸売《おろしうり》市場や地方卸売《おろしうり》市場でも見学できるところは多いので、事前にチェックして訪ねてみよう。市場内の施設《しせつ》やせりのようすが見学できると、そこで働いている人たちのようすもわかり、魚市場についていっそう理解を深められるだろう。

フローチャート 卸売業者

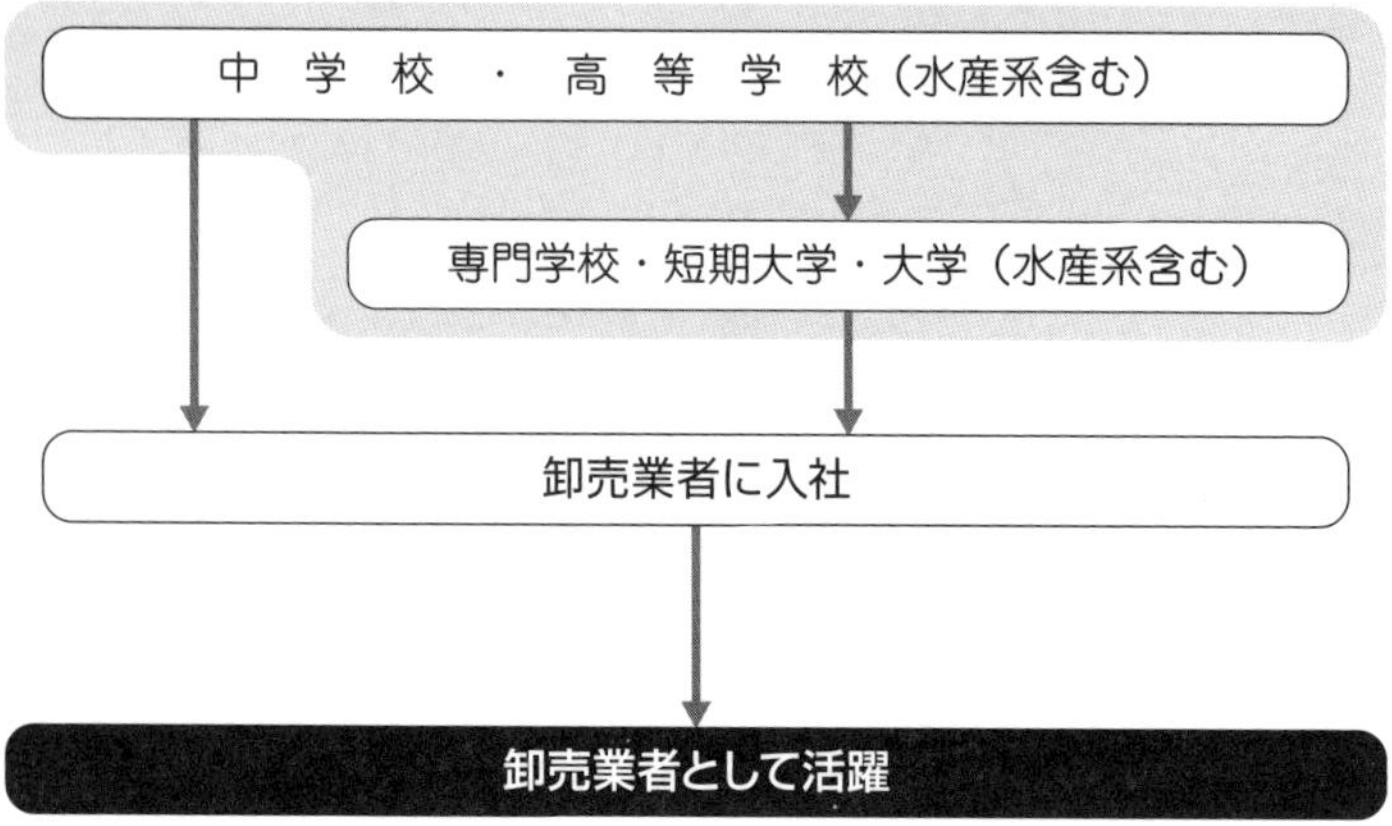

フローチャート 仲卸業者

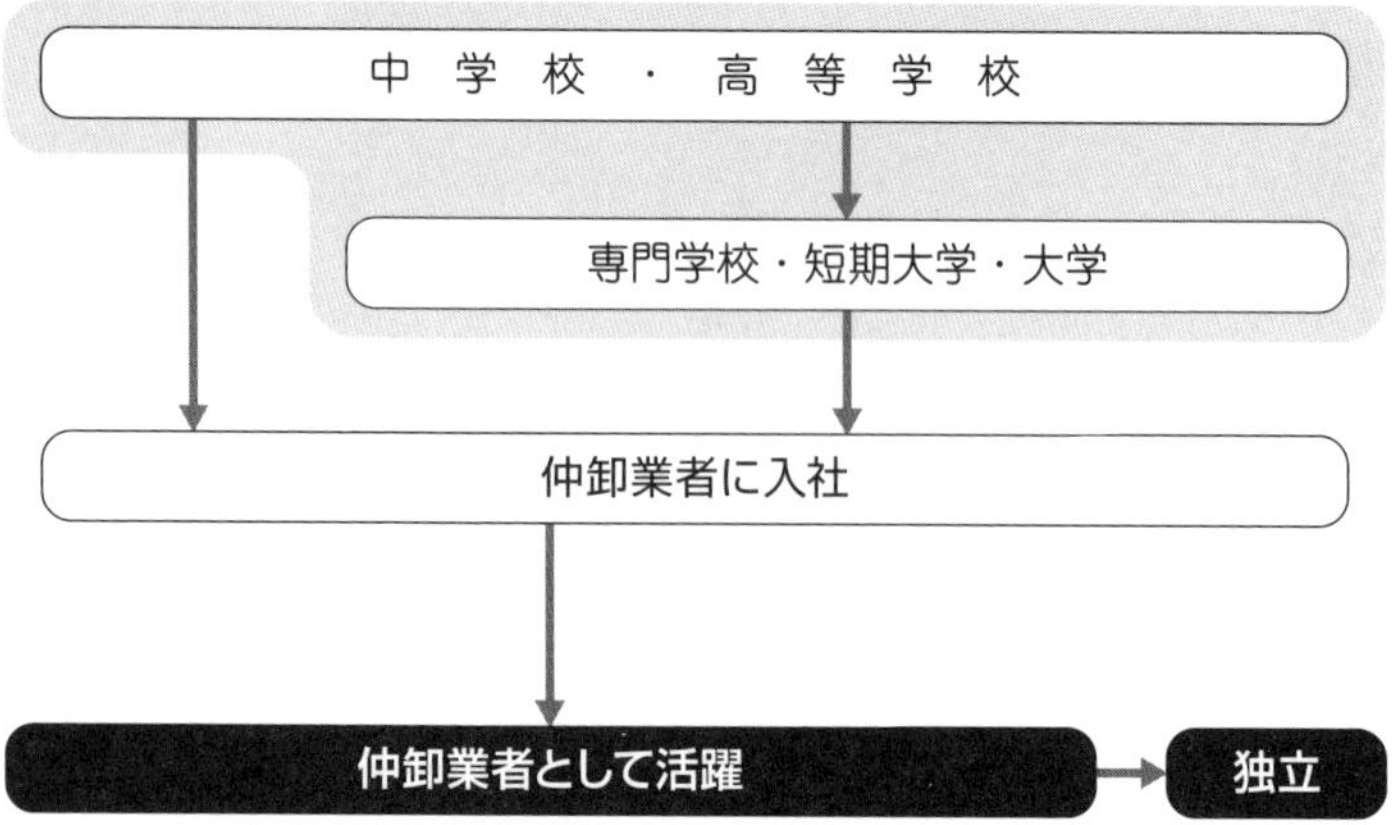

フローチャート　売買参加者

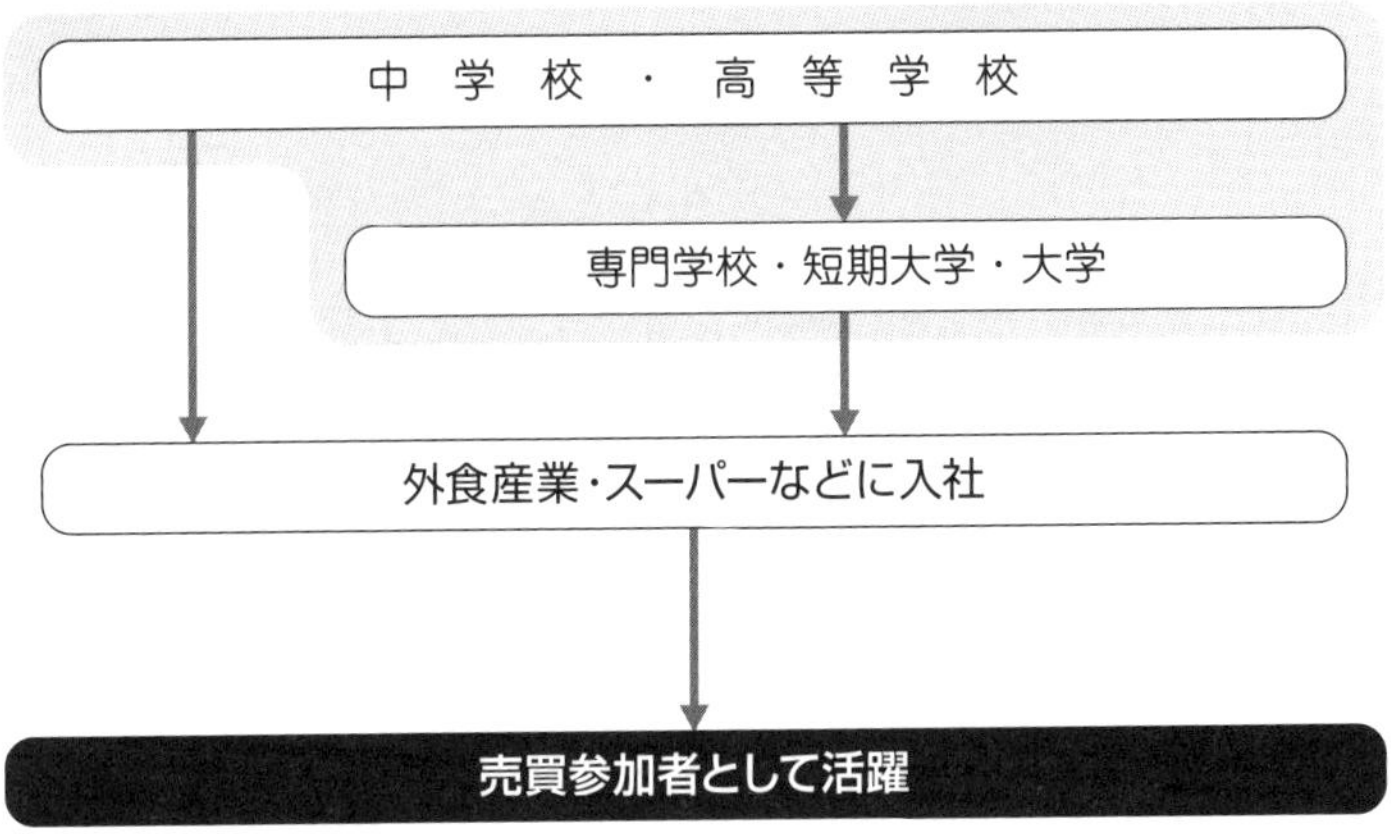

フローチャート　買出人（鮮魚店の場合）

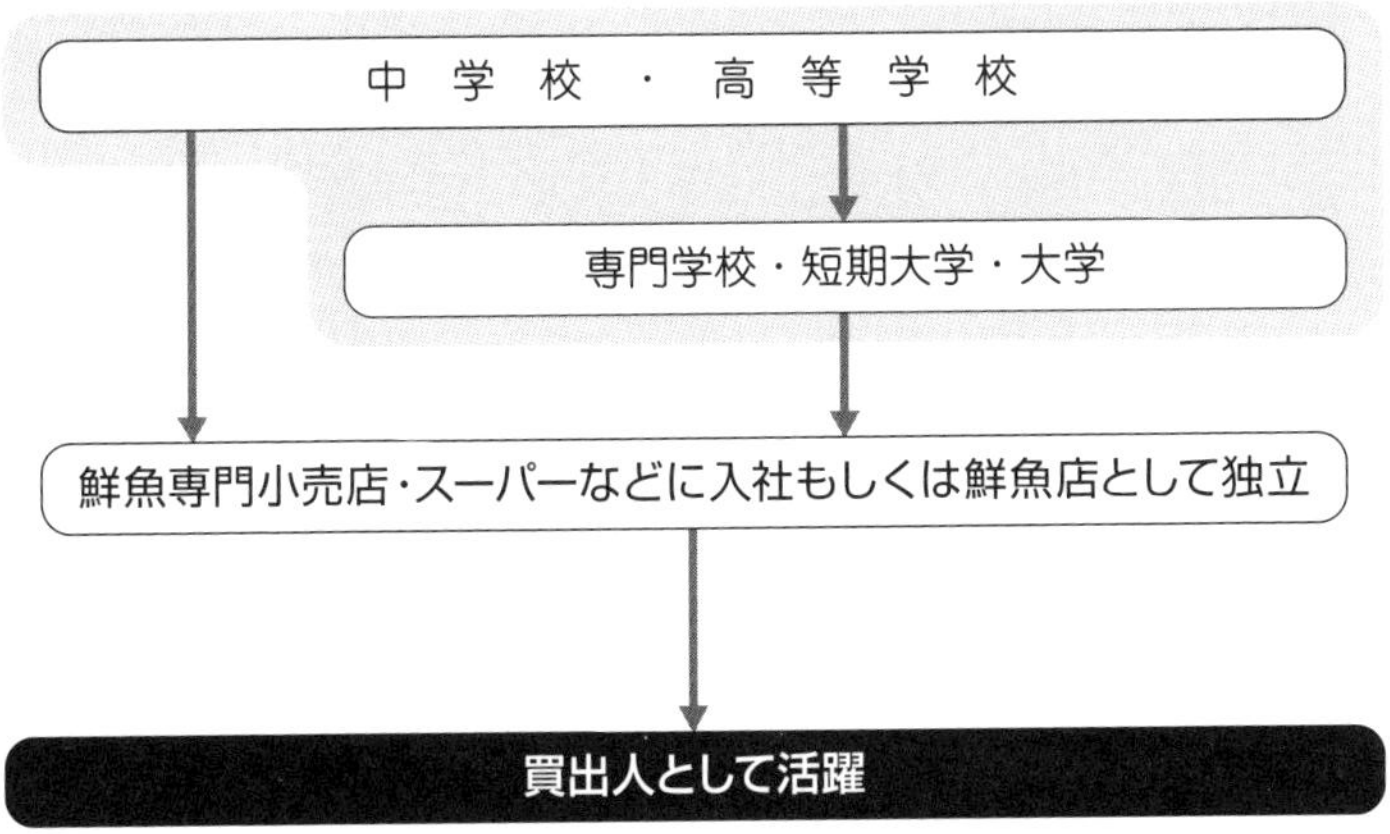

フローチャート　食品衛生監視員

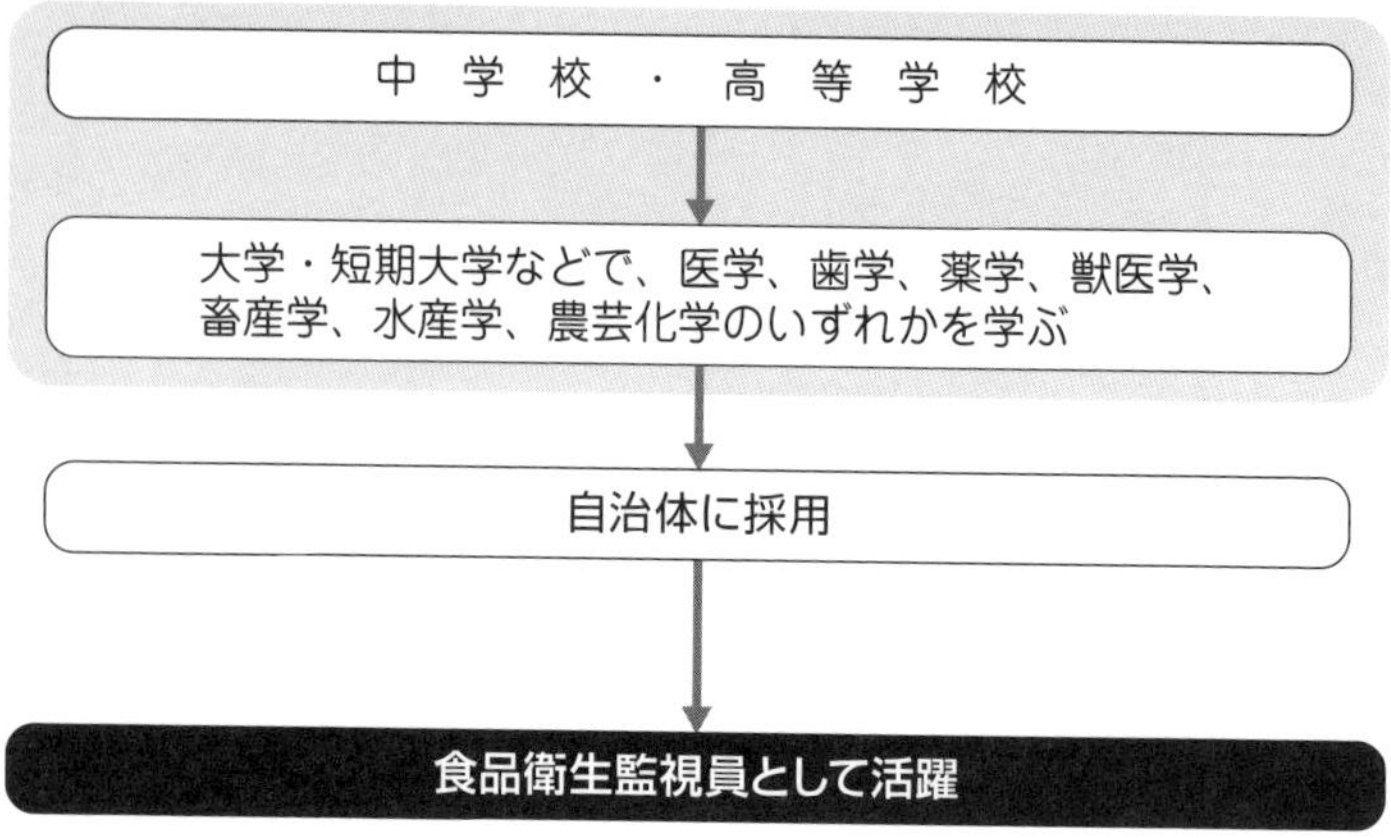

フローチャート　冷蔵倉庫業者

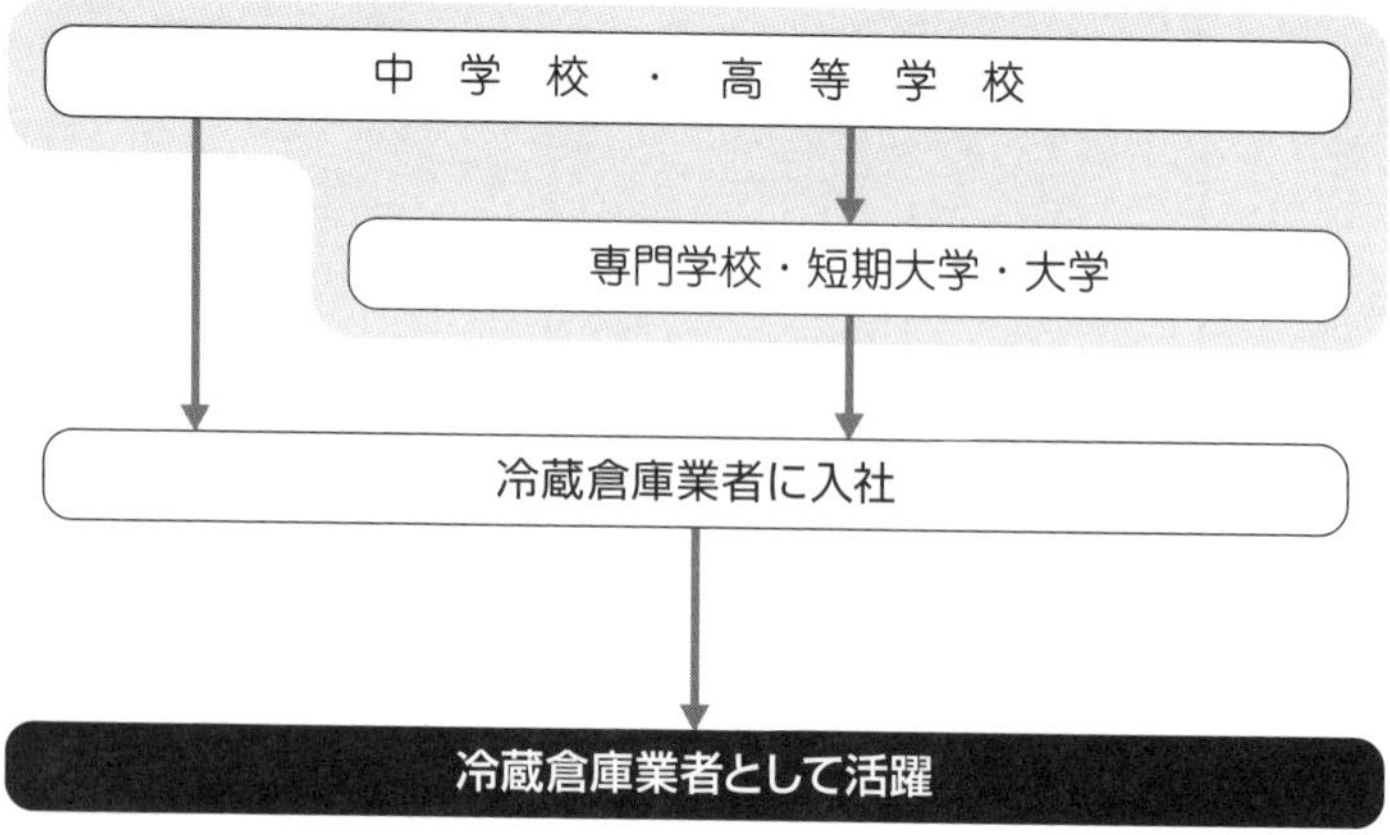

フローチャート　せり人

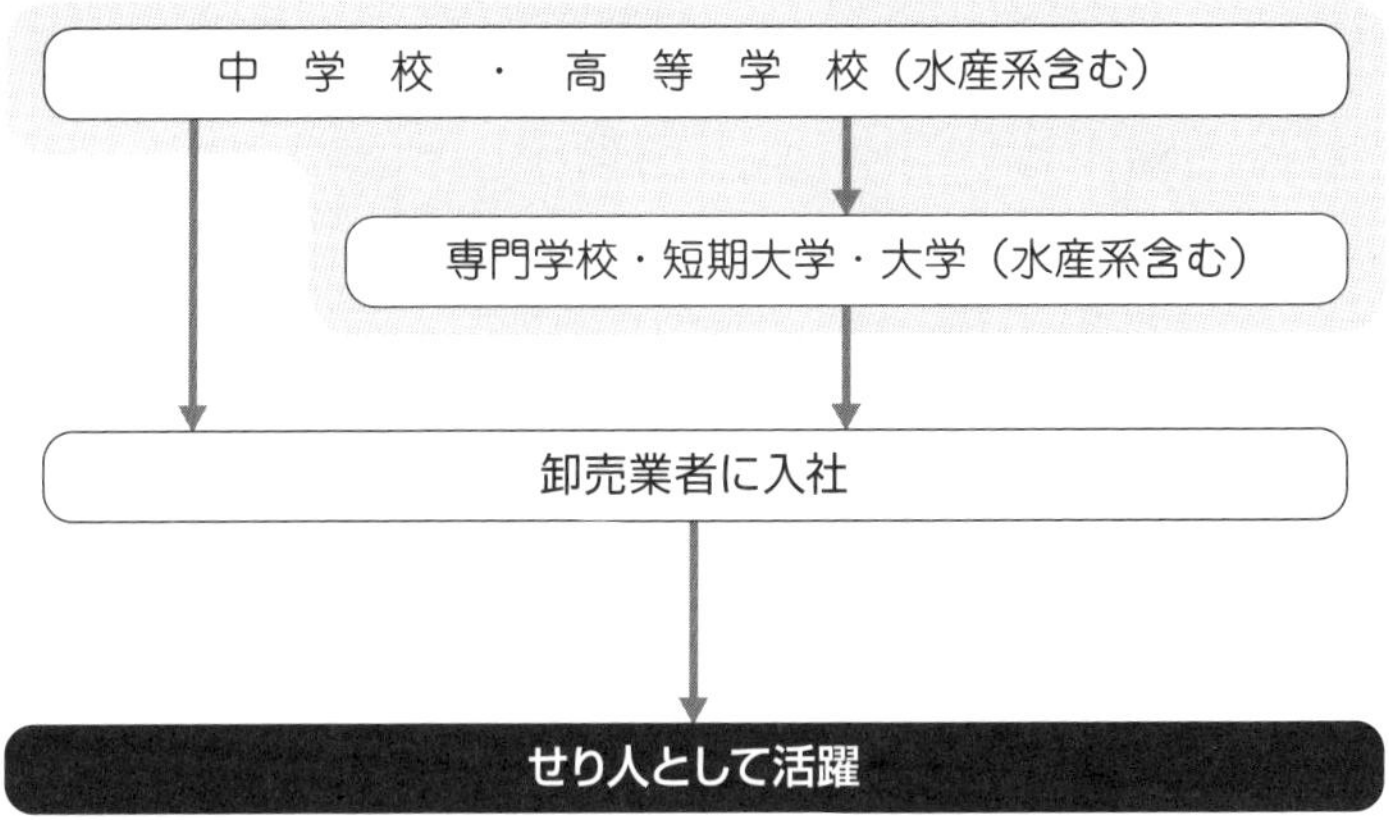

フローチャート　グローバル営業

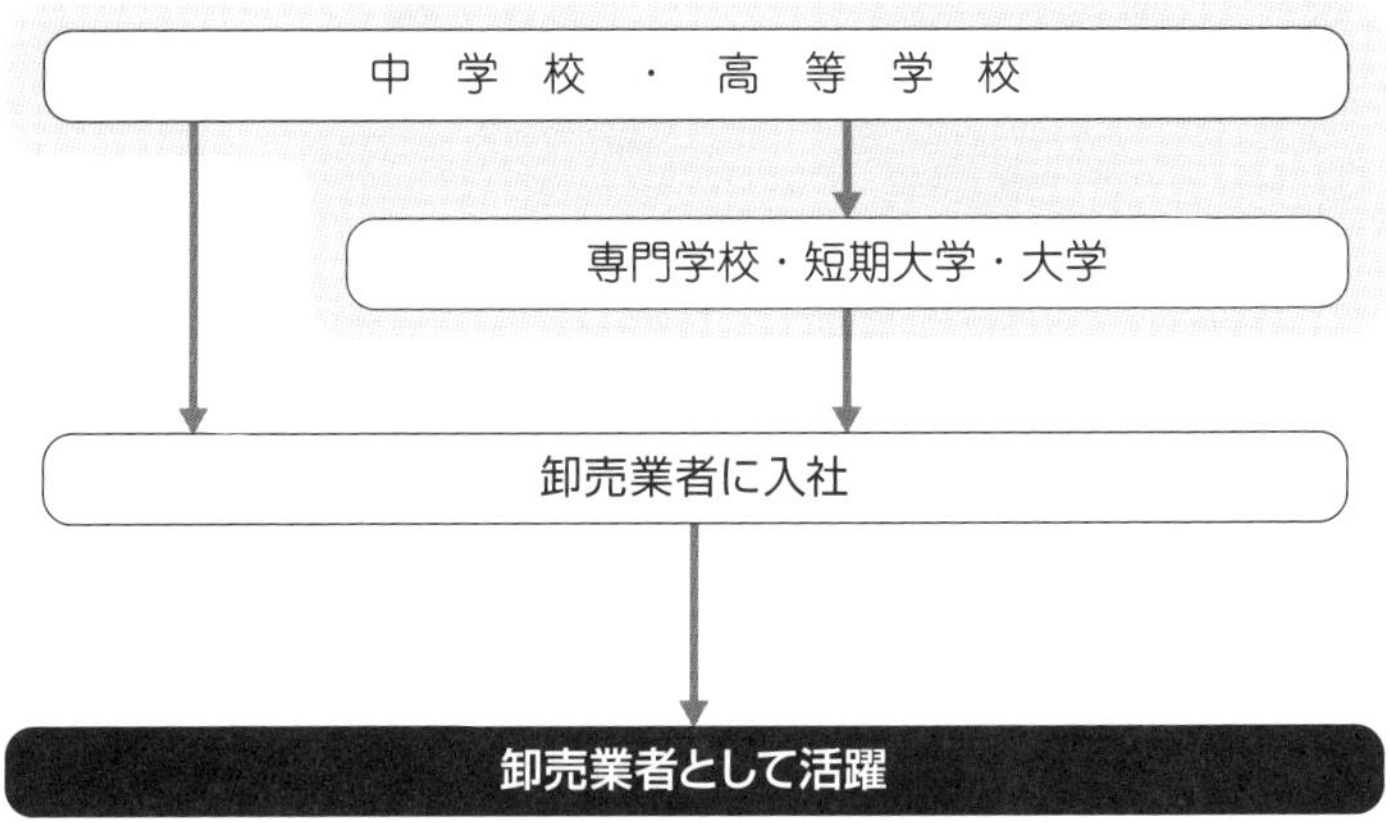

なるにはブックガイド

『鮪立の海』

熊谷達也著
文藝春秋

カツオ、マグロ漁の船頭一家の三代目守一の半生を描いた小説。大正から昭和、戦後と東北の漁港の町を舞台に、父と兄の背中を追ってきた守一が、海の男として人間として成長していく姿が描かれます。危険ととなり合わせのマグロ延縄漁の場面は緊迫感が漂います。

『魚と日本人 食と職の経済学』（岩波新書）

濱田武士著
岩波書店

日本の漁業の現状、市場流通の仕組みや市場にかかわる多彩な職種、日本の魚食文化などを解説します。日本の将来の水産業や食とのかかわり方を考えるうえで示唆に富んだ一冊です。

『築地の記憶
人より魚がエライまち』
冨岡一成文
さいとうさだちか写真
旬報社

築地市場のいきいきとした表情（人や魚の姿、季節の風景）が詰まった一冊。迫力ある写真と歴史やしきたり、市場の仕事、業界用語など、うんちくあふれる文章から構成されています。

『魚食文化の系譜』
越智信也・西岡不二男・松浦勉・
村田裕子著
雄山閣

日本の魚食文化の特徴や変遷、明治期から大正・昭和の200海里体制を経て、現在に至る水産加工業の発展の足跡や貿易面からみた諸問題の分析、水産食品のすばらしさ、今後の展望にも言及します。

職業MAP！ 興味があるのはどの仕事？

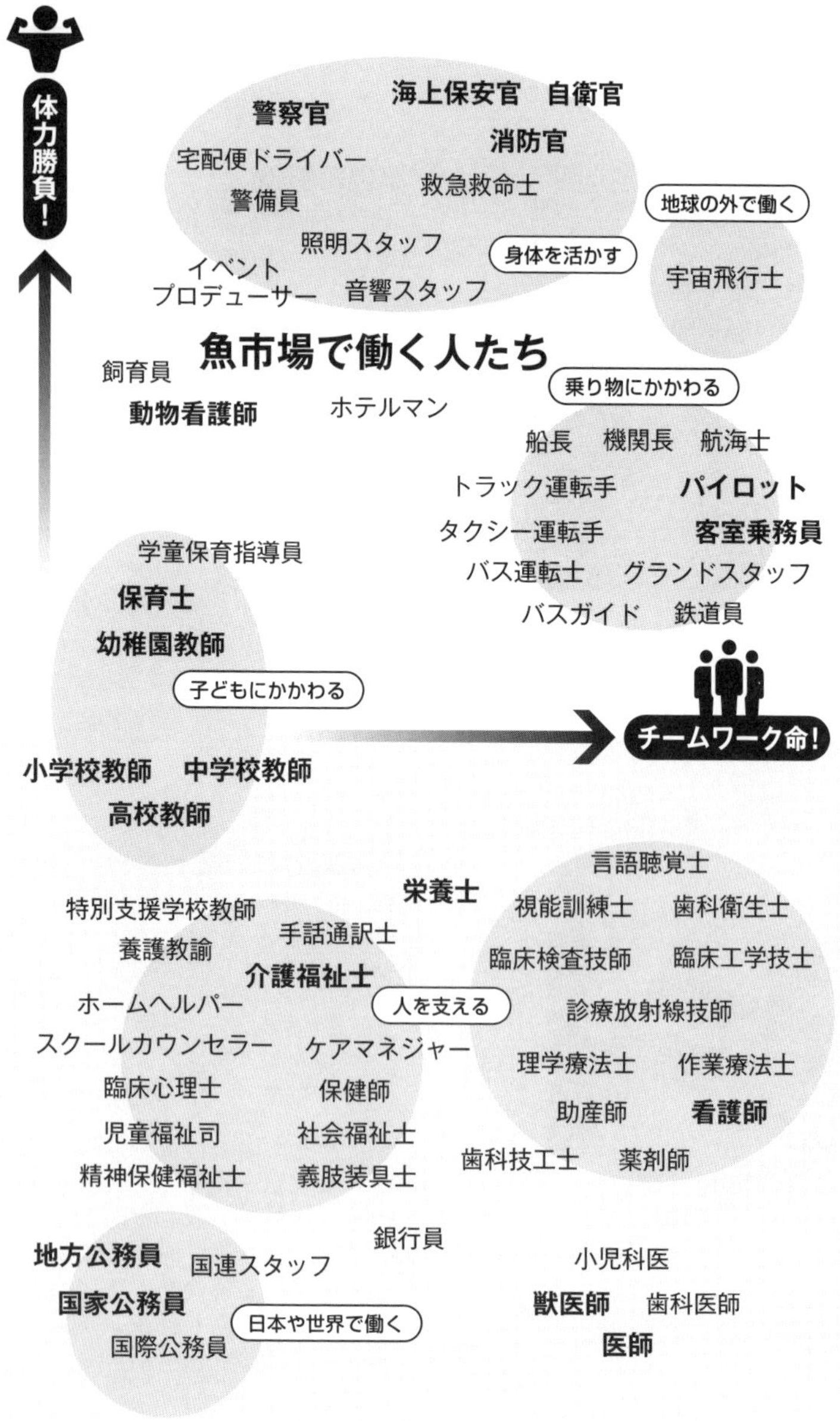
体力勝負！
チームワーク命！
地球の外で働く
宇宙飛行士
身体を活かす
海上保安官
自衛官
警察官
消防官
宅配便ドライバー
救急救命士
警備員
照明スタッフ
イベントプロデューサー
音響スタッフ
魚市場で働く人たち
飼育員
動物看護師
ホテルマン
乗り物にかかわる
船長
機関長
航海士
トラック運転手
パイロット
タクシー運転手
客室乗務員
バス運転士
グランドスタッフ
バスガイド
鉄道員
子どもにかかわる
学童保育指導員
保育士
幼稚園教師
小学校教師
中学校教師
高校教師
人を支える
言語聴覚士
栄養士
視能訓練士
歯科衛生士
特別支援学校教師
手話通訳士
養護教諭
臨床検査技師
臨床工学技士
介護福祉士
ホームヘルパー
診療放射線技師
スクールカウンセラー
ケアマネジャー
理学療法士
作業療法士
臨床心理士
保健師
助産師
看護師
児童福祉司
社会福祉士
歯科技工士
薬剤師
精神保健福祉士
義肢装具士
日本や世界で働く
地方公務員
国連スタッフ
銀行員
小児科医
国家公務員
獣医師
歯科医師
国際公務員
医師

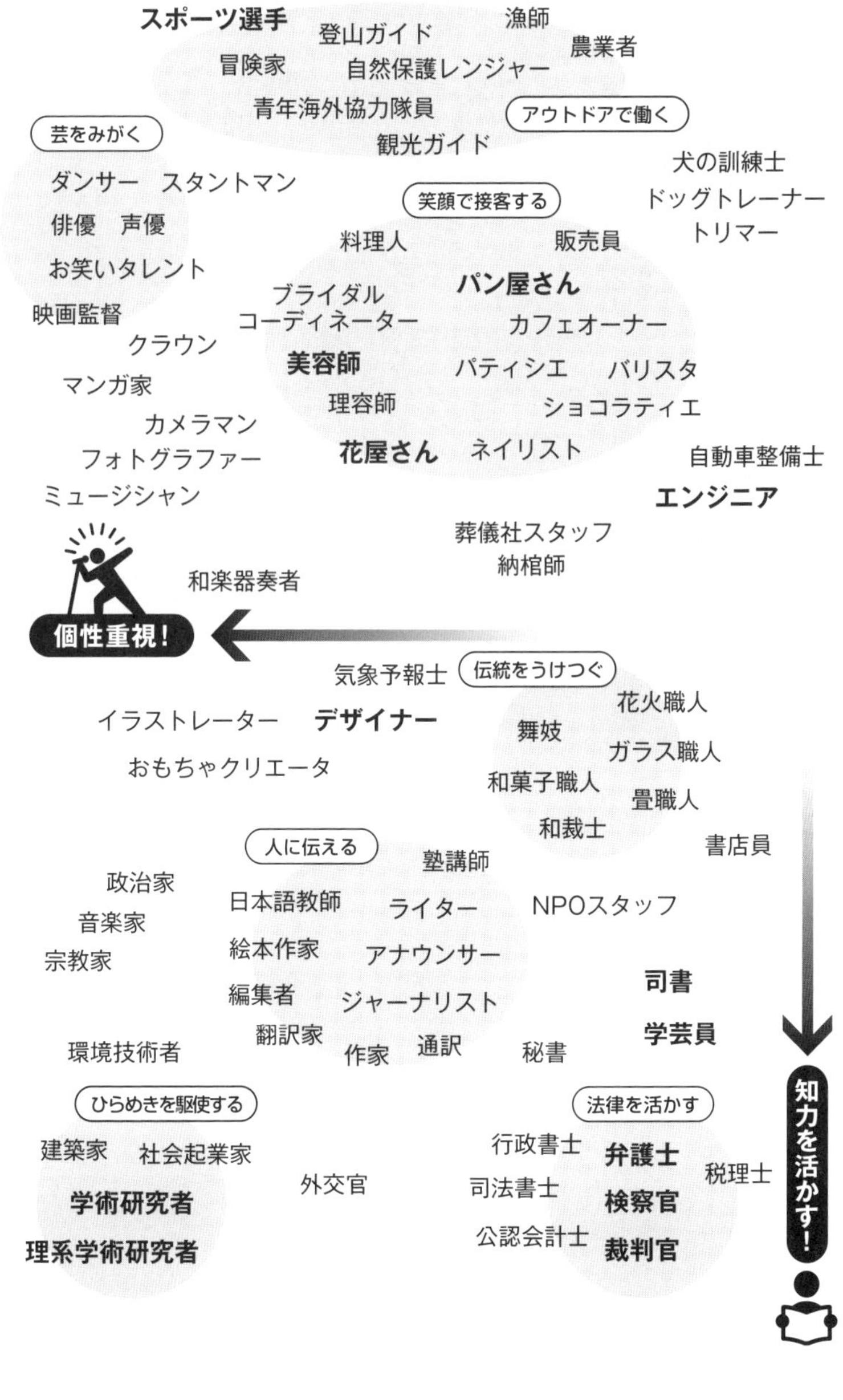
スポーツ選手
登山ガイド
漁師
農業者
冒険家
自然保護レンジャー
青年海外協力隊員
アウトドアで働く
観光ガイド
芸をみがく
ダンサー
スタントマン
俳優
声優
お笑いタレント
映画監督
クラウン
マンガ家
カメラマン
フォトグラファー
ミュージシャン
犬の訓練士
ドッグトレーナー
トリマー
笑顔で接客する
料理人
販売員
パン屋さん
ブライダルコーディネーター
カフェオーナー
美容師
パティシエ
バリスタ
理容師
ショコラティエ
花屋さん
ネイリスト
自動車整備士
エンジニア
葬儀社スタッフ
納棺師
和楽器奏者
個性重視！
気象予報士
伝統をうけつぐ
花火職人
舞妓
イラストレーター
デザイナー
ガラス職人
おもちゃクリエータ
和菓子職人
畳職人
和裁士
書店員
人に伝える
塾講師
政治家
日本語教師
ライター
NPOスタッフ
音楽家
絵本作家
アナウンサー
宗教家
司書
編集者
ジャーナリスト
翻訳家
学芸員
環境技術者
作家
通訳
秘書
ひらめきを駆使する
法律を活かす
知力を活かす！
建築家
社会起業家
行政書士
弁護士
税理士
外交官
司法書士
検察官
学術研究者
理系学術研究者
公認会計士
裁判官

〈参考文献〉
『日本漁業の真実』濱田武士、ちくま新書
『日本人が知らない漁業の大問題』佐野雅昭、新潮新書
『漁業という日本の問題』勝川俊雄、NTT 出版
『横浜丸魚株式会社50年史』横浜丸魚株式会社
『食材図鑑』横浜市中央卸売市場本場開設60周年記念誌編纂実行委員会

〈参考ホームページ〉
『平成28年度 水産白書』水産庁ホームページ
http://www.jfa.maff.go.jp/j/kikaku/wpaper/H28/index.html
横浜丸魚株式会社
http://www.yokohama-maruuo.co.jp
横浜魚市場卸協同組合
http://www.hamaoroshi.or.jp/

[著者紹介]

鑓田浩章（やりた ひろあき）

1961年群馬県生まれ。上智大学文学部新聞学科卒業。編集者・ライター。PR誌・企業広報誌の企画・編集・執筆に長年たずさわる。これまでJAL機内誌、ＪＲ東日本車内誌の編集を担当。2005年より、日立製作所の経営者向け雑誌の編集・執筆を担当。そのほかに企業・大学の出版企画にも協力している。

執筆協力：打越由理　42〜55ページ、80〜89ページ、112〜121ページ、132〜141ページ

魚《うお》市《いち》場《ば》で働《はたら》く

2017年12月10日　初版第1刷発行

著　者　鑓田浩章

発行者　廣嶋武人

発行所　株式会社ぺりかん社
〒113-0033　東京都文京区本郷1-28-36
TEL 03-3814-8515（営業）
03-3814-8732（編集）
http://www.perikansha.co.jp/

印刷所　株式会社太平印刷社

製本所　株式会社鶴亀製本

ISBN978-4-8315-1491-2　Printed in Japan

【なるにはBOOKS】 税別価格 1170円〜1600円

❶——パイロット
❷——客室乗務員
❸——ファッションデザイナー
❹——冒険家
❺——美容師・理容師
❻——アナウンサー
❼——マンガ家
❽——船長・機関長
❾——映画監督
❿——通訳・通訳ガイド
⓫——グラフィックデザイナー
⓬——医師
⓭——看護師
⓮——料理人
⓯——俳優
⓰——保育士
⓱——ジャーナリスト
⓲——エンジニア
⓳——司書
⓴——国家公務員
㉑——弁護士
㉒——工芸家
㉓——外交官
㉔——コンピュータ技術者
㉕——自動車整備士
㉖——鉄道員
㉗——学術研究者(人文・社会科学系)
㉘——公認会計士
㉙——小学校教師
㉚——音楽家
㉛——フォトグラファー
㉜——建築技術者
㉝——作家
㉞——管理栄養士・栄養士
㉟——販売員・ファッションアドバイザー
㊱——政治家
㊲——環境スペシャリスト
㊳——印刷技術者
㊴——美術家
㊵——弁理士
㊶——編集者
㊷——陶芸家
㊸——秘書
㊹——商社マン
㊺——漁師
㊻——農業者
㊼——歯科衛生士・歯科技工士
㊽——警察官
㊾——伝統芸能家
㊿——鍼灸師・マッサージ師
51——青年海外協力隊員
52——広告マン
53——声優
54——スタイリスト
55——不動産鑑定士・宅地建物取引主任者
56——幼稚園教師
57——ツアーコンダクター
58——薬剤師
59——インテリアコーディネーター
60——スポーツインストラクター
61——社会福祉士・精神保健福祉士
62——中小企業診断士
63——社会保険労務士
64——旅行業務取扱管理者
65——地方公務員
66——特別支援学校教師
67——理学療法士
68——獣医師
69——インダストリアルデザイナー
70——グリーンコーディネーター
71——映像技術者
72——棋士
73——自然保護レンジャー
74——力士
75——宗教家
76——CGクリエータ
77——サイエンティスト
78——イベントプロデューサー
79——パン屋さん
80——翻訳家
81——臨床心理士
82——モデル
83——国際公務員
84——日本語教師
85——落語家
86——歯科医師
87——ホテルマン
88——消防官
89——中学校・高校教師
90——動物看護師
91——ドッグトレーナー・犬の訓練士
92——動物園飼育員・水族館飼育員
93——フードコーディネーター
94——シナリオライター・放送作家
95——ソムリエ・バーテンダー
96——お笑いタレント
97——作業療法士
98——通関士
99——杜氏
100——介護福祉士
101——ゲームクリエータ
102——マルチメディアクリエータ
103——ウェブクリエータ
104——花屋さん
105——保健師・養護教諭
106——税理士
107——司法書士
108——行政書士
109——宇宙飛行士
110——学芸員
111——アニメクリエータ
112——臨床検査技師・診療放射線技師・臨床工学技士
113——言語聴覚士
114——自衛官
115——ダンサー
116——ジョッキー・調教師
117——プロゴルファー
118——カフェオーナー・カフェスタッフ・バリスタ
119——イラストレーター
120——プロサッカー選手
121——海上保安官
122——競輪選手
123——建築家
124——おもちゃクリエータ
125——音響技術者
126——ロボット技術者
127——ブライダルコーディネーター
128——ミュージシャン
129——ケアマネジャー
130——検察官
131——レーシングドライバー
132——裁判官
133——プロ野球選手
134——パティシエ
135——ライター
136——トリマー
137——ネイリスト
138——社会起業家
139——絵本作家
140——銀行員
141——警備員・セキュリティスタッフ
142——観光ガイド
143——理系学術研究者
144——気象予報士・予報官
145——ビルメンテナンススタッフ
146——義肢装具士
147——助産師
補巻5 「運転」で働く
補巻6 テレビ業界で働く
補巻8 映画業界で働く
補巻10 「教育」で働く
補巻11 環境技術で働く
補巻12 「物流」で働く
補巻13 NPO法人で働く
補巻14 子どもと働く
補巻15 葬祭業界で働く
補巻16 アウトドアで働く
補巻17 イベントの仕事で働く
補巻18 東南アジアで働く
補巻19 魚市場で働く
別巻 働く時のルールと権利
別巻 就職へのレッスン
別巻 数学は「働く力」
別巻 働くための「話す・聞く」
別巻 中高生からの選挙入門
別巻 小中高生におすすめの本300

【大学 学部調べ】
●——看護学部・保健医療学部
●——理学部・理工学部
●——社会学部・観光学部
●——文学部

一部品切中のものがございます。在庫につきましては、小社営業部までお問い合わせください。 17.11.